Vorwort

Der Zoologische Garten Köln ist nicht nur eine der ältesten Einrichtungen seiner Art in Deutschland, sondern einer der schönsten Zoos. Nur die Zoos von Berlin und Frankfurt sind älter. Seinem Alter entsprechend verfügt der Kölner Zoo über einen sehenswerten Baumbestand und hat noch einige historische Gebäude. Dennoch sieht der Zoo der Domstadt nicht so alt aus, wie er ist, denn die Gebäude werden ständig den modernen, wissenschaftlichen und gesellschaftlichen Ansprüchen entsprechend umgebaut und angepasst. Zudem verfügt der Kölner Zoo über zahlreiche neuzeitliche Vorzeigetiergehege, wie den Elefantenpark oder den Hippodom, eine afrikanische Flusslandschaft mit ihren Bewohnern. Hier geht es den Tieren bestens, und die Besucher erleben ein Stück Natur.

Der Kölner Zoo arbeitet im Sinne der Welt-Zoo-und-Aquarien-Naturschutzstrategie und führt zahlreiche Naturschutzprojekte vor Ort aus, von Köln bis nach Vietnam.

Neben der Funktion als Erholungseinrichtung für den Großraum Köln-Bonn fungiert der Kölner Zoo als Bildungseinrichtung. Vom Kindergarten über die Zooschule bis hin zur Lehre an der Universität Köln bringen die Mitarbeiter des Zoos den Menschen Tiere und Natur intensiv näher.

Die Funktion zoologischer Gärten wird in der heutigen Zeit, mit zunehmender Urbanisierung und der Tatsache, dass die Nutzung des Internets immer mehr zu einer Naturentfremdung führt, immer wichtiger. Zoologische Gärten sind heute unerlässlich.

Jährlich wird der Kölner Zoo über eine Million Mal besucht, was seine Bedeutung als Erholungs- und Bildungseinrichtung unterstreicht. Doch auch in der Forschung, zum Beispiel Erstbeschreibungen von Tierarten und vielem mehr, sind wir aktiv.

In diesem Werk haben wir, anlässlich des 160-jährigen Bestehens des Kölner Zoos, in lockerer Form 111 wissenswerte Kapitel um und zum Kölner Zoo zusammengetragen. Wir wünschen Ihnen viel Freude bei der Lektüre.

111 Geschichten

1__Die alte Lok

Wer kannte sie nicht?

Ja, wer kannte sie nicht, die alte Lokomotive auf dem Spielplatz des Kölner Zoos? Im Jahr 1959 wurde sie dem Kölner Zoo geschenkt und diente fast 40 Jahre als Spielgerät. Sie wurde 1999 abgebaut. Viele, die – wie die Autoren selbst – als kleines Kind auf dieser Lok herumgeklettert sind, verbinden sie mit dem Besuch des Kölner Zoos und denken gern an sie zurück. Vermutlich waren es Hunderttausende »kölscher Pänz«, die als Kinder auf ihr herumturnten, an ihren Hebeln drehten oder über die Lokomotive zum Schornstein balancierten. Die Wagemutigsten erklommen sogar den Schornstein oder das Führerhaus.

Diese Dampflokomotive, genauer gesagt eine »Preußische T3« von 1907, prägte den Zoobesuch vieler Kinder. Doch Ende der 1990er Jahre gab es eine neue EU-Richtlinie zur Sicherheit von Spielplatzgeräten, daraus resultierend Ärger mit der Versicherung, und so musste sie aus dem Zoo ausziehen – obgleich zahlreiche Kindergenerationen sie überlebt hatten, auch wenn der ein oder andere sich mal eine Schramme geholt hat.

Aber sie wurde nicht verschrottet, sondern aufwendig restauriert und ist heute in Koblenz zu sehen –, im »DB Museum« (Schönbornsluster Straße 3, 56070 Koblenz) können Sie sie besuchen.

Zweimal kam die Lok aber quasi zurück. Zum 150-jährigen Jubiläum des Kölner Zoos gelang es den beiden Künstlern Cornel Wachter und Timo Belger, eine ähnliche Lokomotive für mehrere Monate hierher zu holen. Zwar durften die Kinder nicht wie früher die ganze Lok, aber immerhin das Führerhaus besteigen. Der Schauspieler Tom Gerhardt erinnerte sich, dass sein Vater ihm einen riesigen Schreck eingejagt hatte, indem er sagte »Was hast du gemacht, die fährt ja jetzt los!«.

Zum 160-jährigen Bestehen des Zoos wurde sie als Lichtattraktion im Zuge des China Light Festivals gezeigt – nicht zum Besteigen, sondern um vor illuminierter Kulisse Erinnerungsfotos zu machen.

2__Das älteste Tier

Ein afrikanischer Methusalem

Ein aus Afrika stammender Klunkerkranich *(Bugeranus caruncula-tus)* war, zur Zeit der Niederschrift dieses Buches, das älteste Tier im Kölner Zoo. Er schlüpfte wohl 1968. Klunkerkraniche können bis zu 175 Zentimeter groß und bis zu 8,5 Kilogramm schwer werden.

Tiere werden in Menschenhand in der Regel älter als in der Natur. Die Gründe sind einfach: Sie haben quasi keine Feinde, vor denen sie flüchten oder sich in Acht nehmen müssen, keine Zeiten der Futterknappheit und kommen zusätzlich in den Genuss tierärztlicher Betreuung. Insgesamt haben sie also weniger Stress.

Besonders reich an Lebensjahren ist unser asiatischer Elefantenbulle *(Elephas maximus)* Bindu, der 1969 auf Sri Lanka zur Welt kam. Über Großbritannien fand er später an den Rhein, wo er mittlerweile mehrfach Vater wurde. Er ist immer noch fit und zeugungsfähig.

Nicht vergessen dürfen wir unsere Nilkrokodile *(Crocodylus niloticus)*, die zunächst ab 1971 im Aquarium untergebracht waren und die wir seit 2010 im Hippodom (siehe Kapitel 38) halten. Mit ihnen erreichten wir die deutsche Erstzucht, heute sind sie zu alt, um sich fortzupflanzen. Sie gehören aber trotz ihres Alters zu den großen Stars im Zoo.

Im Kölner Zoo setzen wir zunehmend das sogenannte »Medical Training« ein. Hierbei werden Tiere so trainiert, dass sie einfacher medizinisch zu untersuchen und zu versorgen sind. Das ist insbesondere bei alten Tieren wichtig, nicht zuletzt weil, wie beim Menschen, häufiger Routineuntersuchungen anfallen. Mitunter bekommen alte Tiere ein leichtes Schmerzmittel, wenn wir merken, dass ihnen »die Knochen wehtun«. Ein kleines Problem ist die Tatsache, dass Wildtiere stets versuchen, ihre Krankheit zu verbergen, das würde in der Natur nämlich das Todesurteil bedeuten. Deshalb müssen wir im Zoo besonders gut hinschauen. Verstorbene Tiere gehen in die Pathologie und werden dort ausführlich untersucht, damit wir aus den Befunden lernen können.

3 April, April

Ist Herr Löwe zu sprechen?

Er kommt so sicher wie das Datum selbst: der berühmte Aprilscherz mit dem Kölner Zoo. Wenn der März sich dem Ende entgegenneigt und das Wetter wieder wärmer wird, wissen die Kollegen am Besucherservice Bescheid. Bald wird er kommen. Der Anruf eines Lehrlings, der – von Kollegen in den April geschickt – gutgläubig nach Herrn Löwe, Frau Vogel oder Familie Bär fragt. Wahlweise soll er die neuen Zebrastreifen abholen. Die Farbe für die Flamingos anliefern. Oder den extragroßen Rüsselreiniger bringen. Spätestens, wenn im Hintergrund die lauschenden Kollegen wiehernd zu lachen beginnen, wissen die unerfahrenen Greenhorns, dass sie einem »tierischen« Aprilscherz aufgesessen sind.

Das nervenstarke Team des Zoo-Besucherservice kann Derartiges nicht aus der Ruhe bringen. Sie wissen, was kommt, lachen mit – und kontern die Späße so manches Mal auf passend humorvolle Weise. »Herr Löwe ist nicht da. Der ist auf Urlaub in Afrika …« Die Medien beweisen pünktlich zum Frühjahrsbeginn regelmäßig ihren Sinn für – nennen wir es – Fake News. Da werden dem Kölner Zoo zum Beispiel Schönheitsoperationen bei seinem Tierbestand angedichtet – von der Höckervergrößerung bei den Trampeltieren bis zum Bleaching des Elefantenelfenbeins. Auch, dass der Zoo die besondere Spezies der Nacktmulle in seinen Bestand aufgenommen habe, war schon Teil der nicht ganz ernst gemeinten Berichterstattung.

Solange die Späße im moralischen Rahmen bleiben, das Geschäft nicht schädigen und Menschen wie Tiere schadlos bleiben, lachen die Zoomitarbeiter gern mit. Schließlich sind wir es als Zoo gewohnt, mit allerlei lustigen, teils skurrilen, in der großen Mehrzahl aber immer interessanten Anfragen von Jung und Alt, Groß und Klein, Laie und Fachmann umzugehen. Denn die Kölnerinnen und Kölner und die Bewohner der Region haben Spaß an ihrem Zoo. Und jedes Jahr am 1. April sogar noch ein bisschen mehr.

4 Das Aquarium
Bewährt seit 1971

Was lange währt, wird endlich gut! Das wäre definitiv eine passende Überschrift zur Geschichte vom Kölner Zoo und seinem Aquarium. Über viele Jahrzehnte war es der Wunsch aller Zooverantwortlichen, auch Fische, Reptilien und Echsen in ihrer ganzen Schönheit in einem eigenständigen Haus zu zeigen. Kriege, Inflationen und der Vorrang anderer (Wiederauf)Bauprojekte verhinderten die Realisierung lange. Dass es 1971 doch zur Eröffnung eines nigelnagelneuen Aquariums auf aktuellem Stand der Technik kam, verdankt der Zoo dem damaligen Kölner Oberbürgermeister Theo Burauen. Erfolgreich hatte er sich dafür eingesetzt, die für 1971 in Mülheim geplante Bundesgartenschau unter Einbeziehung des Zoos kurzerhand auch auf das linksrheinische Ufer zu erweitern – und damit an die Fleischtöpfe der Fördergelder zu kommen.

Was aus den eingesetzten Mitteln entstanden ist, kann sich auch heute noch sehen lassen. Forschung, Haltung und Edukation des am 29. April 1971 eröffneten Hauses gingen und gehen mit der Zeit. Durch Zusammenlegungen und Erweiterungen verschiedener Terrarien und Aquarien wurden artgerechte Lebensräume für seltene und selten schöne Tiere geschaffen. Bestes Beispiel ist die Philippinen-Krokodil-Schauanlage. Dank des Umzugs der Nilkrokodile in den 2010 eröffneten Hippodom konnte die Anlage für die hochbedrohten südostasiatischen Echsen entscheidend vergrößert werden. Der Erfolg stellte sich schnell ein. 2013 fand die europäische Erstzucht für das Philippinen-Krokodil im Aquarium statt. Von Köln aus wird auch das europäische Erhaltungszuchtprogramm für diese Art koordiniert. Aber auch viele andere hochbedrohte Arten haben hier in den letzten Jahren Einzug gehalten, von der Deserta-Tarantel *(Hogna ingens)* bis zum Madagaskar-Barsch *(Paratilapia polleni)*. Immer mehr geschützte Arten werden bei uns so gemanagt, und wir tragen damit zum Erhalt der Biodiversität bei, auch bei kleinen Tieren.

5 __ Die Architektur

Zeitreise mit Denkmalschutz

Wer den Kölner Zoo besucht, geht nicht nur auf Safari zu mehr als 10.000 Tieren aus rund 840 Arten. Er bucht eine spannende Reise durch architektonische Kunstepochen. Denn wo steht schon die klassizistische Villa neben dem Maurenpalast, trifft Schweizer Blockhauszierwerk auf russischen Zuckerbäckerstil, Funktionalismus auf moderne Erlebnisarchitektur. Und das alles – es ist tatsächlich kaum zu glauben – findet Platz auf 20 Hektar. Mitten in Köln, das 1945 so schlimm daniederlag. Auch den Zoo haben die Bomben des Zweiten Weltkriegs schwer getroffen. Die Wiederaufbauleistung ist bemerkenswert. Bewahrt wurde, was bewahrt werden konnte; hinzugesetzt, was Zeitgeist und modernen wissenschaftlichen Anforderungen an die Tierhaltung entsprach. Entstanden ist jener Mix aus verschiedenen Kunstepochen, der den Kölner Zoo für seine Besucher buchstäblich so »erbaulich« macht.

Aufgabe der Zooverantwortlichen ist es, dieses historische Ensemble zu pflegen und sinnvoll weiterzuentwickeln. Die Kunst besteht darin, höchste Kriterien der Tierhaltung mit Denkmal- und Umweltschutzschutzauflagen sowie den Bedürfnissen der Besucher in Einklang zu bringen. Paradebeispiel dafür ist die Sanierung des Historischen Südamerikahauses von 1899, welches einst als Vogelhaus genutzt wurde. Zoo und Institutionen der Denkmalpflege arbeiten hier Hand in Hand, um aus dem sanierungsbedürftigen Bauwerk eine begehbare Erlebnishalle zu machen, in der sich Affen, Vögel und Fische Mittel- und Südamerikas frei bewegen können. Einmal fertiggestellt, beherbergt die kernsanierte Fassade von 1899 einen hochmodernen Erlebnisraum, der in puncto Tierhaltung, Besuchserlebnis, Zooedukation und Energieeffizienz »State of the Art« des 21. Jahrhunderts verkörpert. Das Südamerikahaus verbindet damit das Beste unterschiedlicher Zeiten. So, wie es der Kölner Zoo mit seinem Kunstmix aus verschiedenen Epochen seit jeher schafft, die Menschen zu begeistern.

6 Das Archiv

Geschichte pur

Das Archiv des Kölner Zoos wurde von unserem leider bereits verstorbenen Freund Wilhelm Spieß initiiert und geführt. Seine Nachfolge trat 2014 der ehemalige Banker Ralf Becker an.

Die lange Geschichte bringt eine Fülle von Material mit sich. Das Archiv, welches wir glücklicherweise nicht ins bekanntlich eingestürzte Stadtarchiv verbracht hatten, hat sogar zwei Weltkriege überstanden.

Das Zooarchiv ist seit 2015 im Clemenshof untergebracht. Das historische Erbe des Zoos besteht aus verschiedenen Artefakten. Der Raum ist prall gefüllt mit Schränken und Vitrinen. In ihnen finden sich Bestandsbücher, die früher handschriftlich – zum Teil noch in Sütterlinschrift – geführt wurden, Zoopostkarten, Diaschränke, Papierfotos, Disketten, Super-8-Filme, Karnevalsorden, Baumodelle, Zooposter, alte Zooführer und vieles mehr. Und natürlich hört der Zoo nicht auf, Dokumente zu sammeln. Sie kommen von Zoofreunden oder aus Nachlässen. Hin und wieder ersteigern wir alte Zooführer auf Auktionen. Wir sammeln die unterschiedlichsten Dinge – in unserem Archiv befinden sich beispielsweise der Zooausweis einer Kölnerin aus dem Jahr 1888 und die Zeichnung eines Tigers aus dem 19. Jahrhundert, der einen Hund als Amme hatte.

Und unser Archiv erhält regelmäßig Anfragen. Sie sind mitunter skurril – zum Beispiel erreichte uns aus Frankreich die Anfrage, ob asiatische Hunde, welche die SS bei einer Tibet-Exkursion 1938 mit nach Deutschland gebracht hatte, in den Kölner Zoo gelangt seien. Ein Hotel fragte an, ob es Elefantenbilder für die Wandgestaltung eines neuen Zimmers haben könne. Auch Wissenschaftler kontaktieren uns, beispielsweise wegen Untersuchungen zur Systematik von Tierarten.

Das Archiv ist sinnvoll und nützlich, es erlaubt uns einen Blick in die Geschichte und Entwicklung unserer Einrichtung und dokumentiert Erfolge, wie Erstnachzuchten, für die Nachwelt.

7 __ Der Balistar

Zu schön, um ihn zu verlieren

Der rund 25 Zentimeter große Balistar *(Leucopsar rothschildi)* gehört zu den bedrohtesten Vogelarten der Welt. Er wurde erst 1910 entdeckt und 1912 erstmals von dem deutschen Ornithologen Prof. Dr. Erwin Stresemann beschrieben. Es ist eine auf der Insel Bali, mitten im indonesischen Inselreich, endemische Vogelart. Das heißt, sie kommt nirgendwo anders auf der Welt vor. Schon zu Zeiten seiner Entdeckung konnte man den Balistar nur in einigen hundert Exemplaren im Nordwesten der Insel Bali vorfinden. Sein Bestand ging ständig zurück, da dieser Vogel als »Prestigeobjekt« auf dem illegalen Vogelmarkt, leider bis heute, für horrende Summen gehandelt wird und das Gebiet zunehmend besiedelt wird.

Bereits 1988 gründete der heutige Zoodirektor, Prof. Theo B. Pagel, zusammen mit der Vereinigung für Vogelhaltung und Vogelzucht (AZ) e.V. und dem Zoo Wuppertal unter dem damaligen Direktor Dr. Ulrich Schürer, ein Erhaltungszuchtprogramm für diese Vogelart. Anfang der 1990er Jahre wurde ein offizielles Erhaltungszuchtprogramm des Europäischen Zooverbands (EAZA), das bis heute vom Kölner Zoo geleitet wird, ins Leben gerufen. Der Bestand in Menschenhand kann als gesichert betrachtet werden. Es gibt Zuchtprogramme in Europa, Indonesien, Japan und den USA. 2011 schickten wir aus Europa wieder Vögel zur Zucht zurück, deren Nachkommen ausgewildert wurden. Die Auswilderung fand zunächst nur im Nationalpark Bali Barat, später auch an anderen Stellen statt. Es gilt, den Schutz dieses herrlichen Vogels im Freiland sicherzustellen. Mit seinem weißen Federschopf, seiner nackten, blaugefärbten Haut um die Augen, seinen gräulichen Beinen und seinen schwarzen Flügelbinden gehört er zu den außergewöhnlichsten Starenvögeln, die wir kennen. Nur gemeinsam wird es Naturschützern, den Zoos und der indonesischen Regierung gelingen, den Bestand des Balistars auch im Freiland zu sichern. Naturschützer sprechen hier gerne vom One Plan Approach, dem Einplan-Ansatz.

8 Das Bauernfrühstück

Nachhaltige Nutzung

Etwas erhalten, indem wir es aufessen? Was merkwürdig klingt, stimmt dennoch. Zumindest, wenn es um alte, vom Aussterben bedrohte Nutztierrassen geht. Die hält der Kölner Zoo auf dem 2014 eröffneten Clemenshof. Er ist einem für die Kölner Region typischen bergischen Kleinbauernhof nachempfunden. Auf 4.000 Quadratmetern haben hier elf seltene Haustierarten eine Heimat gefunden. Darunter die vom Aussterben bedrohten Schwäbisch-Hällischen Schweine. Die robuste und widerstandsfähige Art, die ebenso fettes wie schmackhaftes Fleisch liefert, war noch vor 50 Jahren sehr beliebt bei Metzgern und Kunden. Seitdem die Verbraucher es magerer mögen, gehen die Bestände massiv zurück.

Gäste, die ein sonntägliches Bauernfrühstück in den Räumen des Zoorestaurants buchen, tun etwas gegen diesen Rückgang. Denn auf den Tisch kommen – ja, man muss es so sagen – »leckere Schweinereien« aus direkter Nachbarschaft: Leberwurst, Schinken oder Speck des Bauernfrühstück-Büfetts stammen zu guten Teilen aus dem Fleisch der Schwäbisch-Hällischen Schweine vom Clemenshof. Ein Metzger aus der Region übernimmt für den Zoo Schlachtung und Verarbeitung. Kürzer und sinnvoller kann Wertschöpfung kaum sein. Denn die Schweine auf dem Clemenshof haben ein buchstäblich »saugutes« Leben mit Auslauf und Suhlbädern. Davon können ihre Artgenossen in der industriellen Massenhaltung nur träumen.

Wer das Bauernfrühstück genießt, schmeckt das. Das Fleisch der Schweine vom Zoo ist bissfester und geschmacklich wesentlich aromatischer als das der Pendants aus den »Schweinefabriken«. Durch von Zoos mitvorangetriebene Halte- und Verwertungsprojekte wie diese steigen die Bestände bei alten Haustierrassen wieder an. Schutz durch Aufessen funktioniert also tatsächlich. Überhaupt setzen wir beim Bauernfrühstück auf Produkte aus der Region. Das ist ein wichtiger Schritt zur ökologischen Nachhaltigkeit.

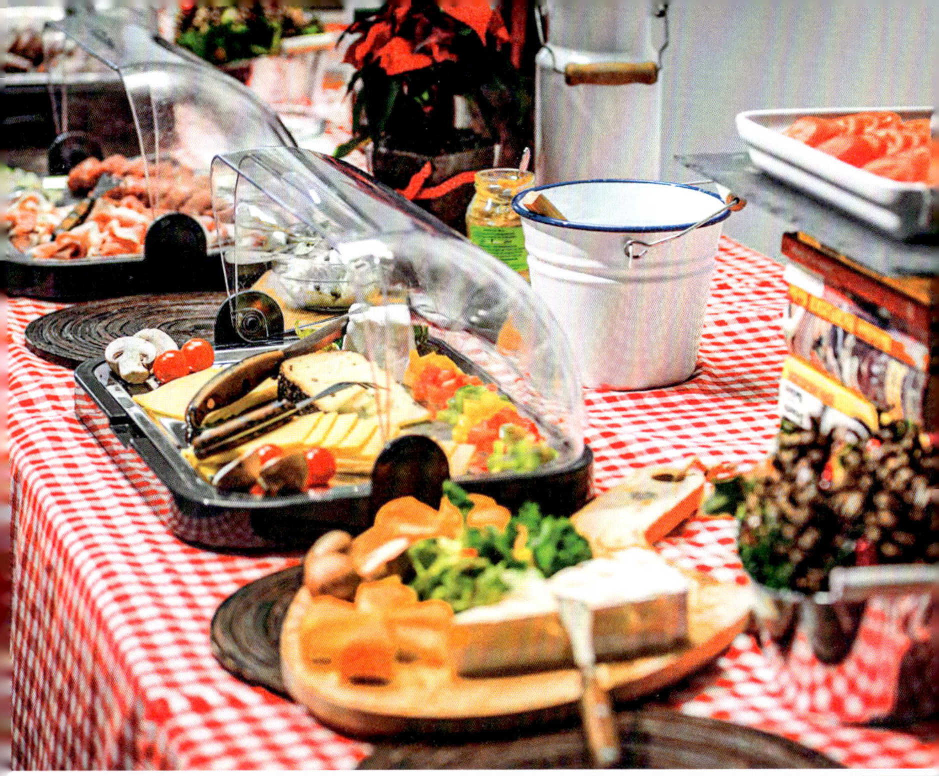

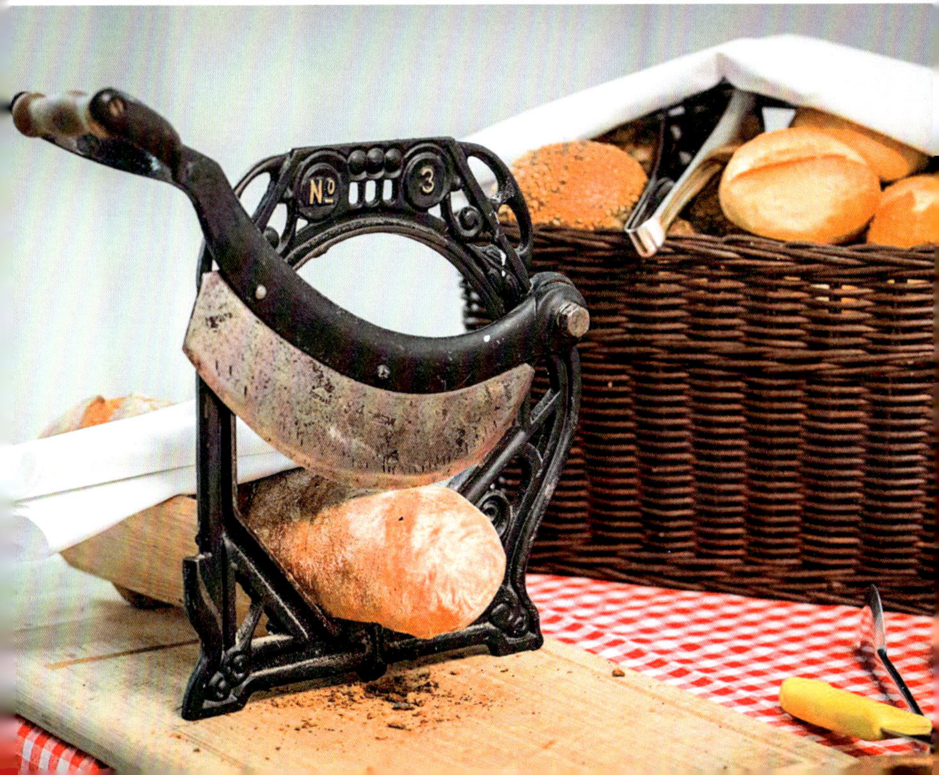
№ 3

9 __ Die Baumpflege
Ein Park mitten in Köln

Als alter Garten, genauer gesagt zoologischer Garten, verfügt unsere Einrichtung in der Tat über einen alten und schönen Baumbestand. Besonders zu erwähnen sind neben den zahlreichen Platanen *(Platanus occidentalis)* der Mammutbaum *(Sequoiadendron giganteum)*, die Schwarzkiefer *(Pinus nigra)*, die Wasserzypresse *(Taxodium distichum)*, der Ginkgo *(Ginkgo biloba)* oder der Götterbaum (*Ailanthus altissima*). Viele große Bäume bilden eine echte grüne Oase inmitten der Stadt Köln. Natürlich werden sie durch entsprechend attraktiv gestaltete Grünflächen und besonders schöne Staudenbepflanzung ergänzt.

Was die meisten aber nicht bedenken: Diese Bäume müssen intensiv gepflegt werden. Dabei geht es nicht nur um die Sicherheit der Mitarbeiter und Besucher hinsichtlich herabfallender Äste oder, schlimmer noch, umstürzender Bäume. Nein, richtige Baumpflege beinhaltet Maßnahmen an Baum und Baumumfeld zur Vermeidung von Fehlentwicklungen und zur Erhaltung der Vitalität der Bäume. Mit fachgerechter Pflege können Erkrankungen therapiert und Einschränkungen, die in einem Zoo durch Baumaßnahmen oder andere Unwägbarkeiten entstehen, minimiert werden. Beim Bau des Hippodoms wurden die Platanen vor dem Gebäude durch einen Wurzelvorhang und einen »flusspferdgangunfreundlichen Belag« und nicht begehbare Bereiche geschützt. Allein dies stellte eine Investition von über 300.000 Euro dar.

Die jährlichen, turnusmäßigen Rückschnitte und Pflegemaßnahmen machen im Jahresbudget des Kölner Zoos circa 70.000 Euro aus. Sie werden nicht allein von unseren Gärtnern, sondern auch durch eine Spezialfirma durchgeführt, die über die entsprechende Ausrüstung und sogenannte Höhenkletterer verfügt. Wussten Sie eigentlich, dass Baumpfleger in Deutschland eine Fachspezialisierung des Berufs Fachagrarwirt ist? Und in Österreich und der Schweiz des Berufsbilds des Agrartechnikers beziehungsweise Forstwarts?

10__Belize

Naturschutz in Mittelamerika

In den letzten Jahrzehnten knüpfte der Kölner Zoo große Bauprojekte stets an ein Naturschutzprojekt. Dies gilt auch für den Umbau des alten Südamerikahauses, welches nach seiner voraussichtlichen Fertigstellung im Jahr 2021 als Arnulf und Elizabeth Reichert Haus bezeichnet wird (siehe Kapitel 5). Bereits im Jahr 2015, noch vor Beginn der Bauarbeiten, reiste Zoodirektor Prof. Pagel zum Shipstern Projekt nach Belize, dem einzigen englischsprachigen Land Mittelamerikas. Schnell stellte sich heraus, dass dies ein gutes Projekt ist. Das Shipstern Naturreservat wurde im Jahr 1989, als Projekt des Internationalen Fonds für den Schutz der Tropischen Natur (ITCF), mit Sitz in der Stiftung Papiliorama Kerzers und im Königlichen Burgers' Zoo in Arnheim, gegründet. Die Shipstern Conservation & Management Area liegt in der Nähe des Dorfes Sarteneja im Corozal Bezirk.

In Belize findet sich eine einzigartige Flora und Fauna, ein Mosaik aus verschiedenen Lebensräumen: eines der größten Korallenriffe der Erde sowie trockene und feuchte Regenwälder. Hier leben Bergtapire *(Tapirus pinchaque)*, Jaguare *(Panthera onca)* und zahlreiche Vogelarten.

Langfristiges Ziel ist es, die drei Schutzgebiete Shipstern, Honey Camp und Freshwater Creek durch Ökokorridore miteinander zu verbinden, was uns zum Teil schon gelungen ist. Weitere Ziele sind der nachhaltige Tourismus sowie die nachhaltige Forstwirtschaft. Sie sollen der Bevölkerung vor Ort zugutekommen. Natur lässt sich nie gegen, sondern nur mit Unterstützung der Menschen vor Ort realisieren, die ein gesichertes Einkommen haben müssen. Daher haben wir auf der einen Seite die Möglichkeit geschaffen, in einem Bildungszentrum vor allem junge Menschen über Natur zu informieren und für sie zu sensibilisieren. Und auf der anderen Seite nehmen wir Waldkartierungen vor, pflanzen Tropenbäume und schützen die Tiere vor Ort.

11_Der Besucherservice
Das Team für alle Fragen

10.000 Tiere. Und rund 1,3 Millionen Besucher pro Jahr. Vielfalt ist Trumpf im Kölner Zoo. Vielfältig sind die Fragen, die rund um Besuch und Betrieb eines Zoos beantwortet werden wollen. Die erste Anlaufstelle dafür ist im Kölner Zoo der Besucherservice. Fragt man das Team, das am Haupteingang seinen Sitz hat, was ihre Arbeit auszeichnet, gibt es ein einhelliges Echo: »Langweilig wird es hier nie. Jeder Tag ist anders!«

Nichts Menschliches, nichts Tierisches ist ihnen fremd. Routiniert helfen sie bei »Familienzusammenführungen« – will sagen: starten eine Lautsprecherdurchsage, wenn mal wieder ein Kind vermisst wird. Geduldig nehmen sie Fundsachen entgegen, stellen Jahreskarten aus und informieren über Sonderveranstaltungen. Anfragen der etwas anderen Art zählen zum Standard. Das Außerordentliche ist hier Alltag. Die Bitte, ob der Zoo nicht die dem Privathalter zu groß gewordene Anakonda aufnehmen könne? Natürlich schon vorgekommen. Die telefonische Nachfrage des vom Meister veräppelten Lehrlings, ob Herr Bär zu sprechen ist? Am 1. April ein schöner Spaß, über den das Team am Besucherservice gern lacht (siehe Kapitel 3). Irritierender sind da per E-Mail oder am Telefon eingehende Nachfragen, ob Schimpansen als Haustier gehalten werden können oder es im Zoo eine FKK-Liegewiese gibt. Ganz und gar anrüchig wird es, wenn im Besucherservice Kotproben verschickt werden müssen.

Die Annahme und Bearbeitung von Beschwerden zählen zum Jobprofil am Besucherservice. Die halten sich gottlob in Grenzen. Umso mehr bleibt im Gedächtnis, wenn darum gebeten wird, doch bitte die Paviane vom öffentlichen Kopulieren abzuhalten, oder geraten wird, die Ernährung der Raubkatzen von Fleisch auf »veggie« umzustellen. Die Kollegen des Besucherservice nehmen es mit Humor. Wenn das urkölsche Motto »Jedem Dierche sing Pläsierche« irgendwo eine Heimat hat, dann im Kölner Zoo!

KÖLNER

besucherservic...o.de

12 Die Biodiversität

Wie viele Tiere gibt es im Zoo?

Biodiversität ist ein recht abstrakter Begriff. Obgleich 2010, rechtzeitig zum 150-jährigen Bestehen des Zoologischen Gartens Köln, von den Vereinigten Nationen das Jahr der Biodiversität (2010) und die Dekade der Biodiversität (2011–2020) ausgerufen wurden, können nur die wenigsten etwas damit anfangen.

Unter Biodiversität – oder einfacher: Artenvielfalt – versteht man in der Biologie die Anzahl der genetischen beziehungsweise sichtbaren Varianten jeder vorkommenden Art. Dies trifft gleichermaßen auf Tier- und Pflanzenarten sowie die Ökosystemvielfalt eines bestimmten Lebensraums oder eines geografisch begrenzten Gebiets zu. Als wissenschaftlich geleiteter zoologischer Garten ist es unser Selbstverständnis, dass wir unseren Besuchern Artenvielfalt vermitteln. Artenvielfalt ist für uns alle wichtig. Daher finden Sie im Kölner Zoo rund 850 verschiedene Tierarten mit über 10.000 Exemplaren – rechnen wir die Ameisen und Bienen mit, dann über eine Million Tiere. Von manchen Tiergruppen, zum Beispiel der systematischen Ordnung der Gänsevögel, haben wir recht viele Arten, selbst wenn nicht alle hoch bedroht sind. Der Grund ist einfach, denn an dieser Vogelfamilie können wir die Artenvielfalt zeigen. Viele Besucher sind erstaunt, wenn sie dann nicht nur Entenvögel (Anatidae), also Gänse, Schwäne und Enten, sondern auch Wehrvögel (Anhimidae) und Spaltfußgänse (Anseranatidae) sehen.

Das Ausmaß des Artensterbens war noch nie so groß wie heute. Im letzten globalen Bericht zum Zustand der Artenvielfalt des Weltbiodiversitätsrates (IPBES) kann man nachlesen, dass von den geschätzt acht Millionen Tier- und Pflanzenarten weltweit rund eine Million vom Aussterben bedroht sind. Es gilt, den Verlust an Biodiversität, der uns letztlich alle betrifft und gegen den zoologische Gärten anarbeiten, durch Aufklärung und eigene Projekte aufzuhalten. Es ist fünf vor zwölf! Der Mensch darf nicht verdrängen, dass er ohne Artenvielfalt selbst zu den bedrohten Arten gehört.

13 Das China Light Festival
Tierische Laternen aus dem Reich der Mitte

Das Reich der Mitte – mitten im Kölner Tierreich. 2017 gingen im Kölner Zoo erstmals »die Lampen an«. Tausende illuminierte Tier- und Phantasiefiguren erleuchteten seitdem in den Wochen vor und nach Weihnachten den Zoo: vom 40 Meter langen und sechs Meter breiten Drachen über leuchtende Bären, Affen und Fische bis hin zur riesigen Schwanensee-Installation auf dem Zooteich. Selbst das Allerheiligste der Kölner, der Dom, war als Leuchtreplik schon Teil der spektakulären China-Light-Sonderschauen. In Köln und der Region kamen die Lichterfeste bestens an.

Die Besucher honorierten damit die wochenlangen Aufbauarbeiten durch rund 50 chinesische Lichtdesigner. Ende Oktober beginnen sie, die phantasievollen Lichtfiguren zu bauen. Jede einzelne entsteht aus mit Nylontuch überzogenen Drahtgestellen und darin angebrachten LED-Leuchten. Die Illuminatoren verwandeln dafür den Futterhof im Norden des Zooareals in eine surreale Werkstattwelt aus knallbunten Stoffen und Metallgerippen. Da liegt der halb fertige Löwenkopf neben dem Schmetterlingsflügel, der Blumenstängel neben dem Froschschenkel. Und das in überlebensgroßer Schönheit. Fingerfertig schweißen die chinesischen Künstler alles passend zusammen. Schließlich folgen die Endmontage und das Aufstellen im Zoo.

Der Zoo hat mit diesen Sonderveranstaltungen gleich mehrere Ziele erreicht. Er erfindet sich immer wieder ein bisschen neu, bleibt als Ausflugs- und Familienort im Gespräch – und trifft den Zeitgeschmack. Zudem eröffnet er sich in der besucherärmeren Jahreszeit zusätzliche Einnahmequellen. Das macht den Zoo ein Stück weit unabhängiger vom guten Wetter in den besucherstarken Sommermonaten – und er kann kaufmännisch solide seinen vielfältigen Aufgaben bei Artenschutz, Wissenschaft und Forschung nachkommen. Veranstaltungen wie das China Light Festival sind daher gleich in mehrfacher Hinsicht ein Highlight für alle.

14 Der Clemenshof

Die Kuh ist gar nicht lila

Als wir 2015 einen Bergischen Bauernhof, den Clemenshof, auf unserem Zoogelände errichteten, kam der ein oder andere Kommentar, was das denn soll. Unsere Antwort darauf lautete, dass einige Kinder heute nicht mehr wissen, dass die Kuh nicht lila ist, nicht wissen, dass das Schnitzel auf dem Teller einmal ein Tier war und woher die Eier kommen. Das war provokant, aber leider berechtigt, denn obgleich das Bergische Land vor den Toren Kölns liegt, kommen immer weniger Kinder und Jugendliche in den Genuss, das Umland zu besuchen. Deshalb war uns klar, dass insbesondere in Anbindung an unsere im Gebäudekomplex neu entstandene Zooschule (siehe Kapitel 109) ein Bauernhof mehr als sinnvoll ist. Bewusst werden hier vom Aussterben bedrohte Nutztierrassen gehalten und gezüchtet. Dazu gehören das Schwäbisch-Hällische Schwein, der Poitou-Esel, das Schwarzbunte Niederungsrind, der Bergische Kräher (eine Hühnerrasse), die Pommernente und die Diepholzer Gans (siehe Kapitel 15). Nicht zu vergessen ist der Kölner Tümmler, eine kölsche Taubenrasse, natürlich in »Rut-Wiess«.

In einem Streichelzoobereich, der während der Öffnungszeiten beaufsichtigt wird und in dem die Tiere ihre Ruhezonen haben, können unsere Besucher die Natur im wahrsten Sinne begreifen. Hier halten wir Westafrikanische Zwergziegen und die Schafrasse der Hornlosen Moorschnucken. In jüngster Zeit sind auch Bienen eingezogen.

Wir legen großen Wert auf das Thema aussterbende Nutztierrassen, die es zu erhalten gilt. Daher ist der Kölner Zoo Mitglied in der Gesellschaft zur Erhaltung alter und gefährdeter Haustierrassen e. V. (GEH). Außerdem gilt es, bewusst zu machen, dass wir regionale Produkte nutzen sollten, denn so können wir viel ökologischer und nachhaltiger sein.

Und natürlich muss erwähnt werden, dass das Kleine Geißbockheim ein Teil des Bauernhofs ist – dort lebt Hennes, das Maskottchen des 1. FC Köln (siehe Kapitel 37).

15 Die Diepholzer Gans

Verspeisen, um zu bewahren

Auf dem Clemenshof, dem Bergischen Bauernhof im Kölner Zoo, halten wir neben anderen Nutztierrassen die als robust geltende Diepholzer Gans. Sie wurde Ende des 19. Jahrhunderts aus den Landgänsen in der Moorlandschaft der ehemaligen Grafschaft Diepholz herausgezüchtet. 1925 wurde die Diepholzer Gans als Rasse anerkannt. Sie besitzt einen orangefarbenen Schnabel und ein weißes Federkleid.

Leider teilen die Gänse das Schicksal vieler alter Nutztierrassen: Sie sind nicht gewinnbringend genug, denn jährlich legen sie nur zwischen 35 und 50 weiße Eier. Die Gesellschaft zur Erhaltung alter und gefährdeter Haustierrassen (GEH), bei der der Kölner Zoo Mitglied ist, hat die Diepholzer Gans 1994 zur »Gefährdeten Nutztierrasse des Jahres« erklärt. Aus diesem Grund – und weil der Onkel eines unserer Kuratoren ein sehr erfolgreicher Züchter der Diepholzer Gans war – haben wir uns dafür entschieden, ihr eine Bleibe zu geben. Sie war übrigens lange für ihre Marschfähigkeit bekannt. Denn früher wurden Gänse, heute kaum mehr vorstellbar, im wahrsten Sinne des Wortes im Gänsemarsch zu den Märkten nach Bremen oder sogar bis zu uns nach Köln getrieben.

Im Rahmen des »Zoo Events« führen wir alljährlich ein Gänseessen durch, was den ein oder anderen verwundern mag. Dazu nutzen wir »glückliche Gänse«, die im Norden Deutschlands ganzjährig auf der Weide gehalten werden. Am Abend hält dann ein Mitarbeiter einen Vortrag über die Diepholzer Gans und was wir alles von ihr nutzen, bis hin zu den Daunenfedern. Danach werden die Gänse verspeist. Unsere Gäste wissen zu berichten, dass sie äußerst schmackhaft sind. Wir erhalten damit eine vom Aussterben bedrohte Rasse – durch ihre Nutzung: »Verspeisen, um zu bewahren«, lautet das Motto. Die nachhaltige Nutzung ist das Geheimrezept – sei es, dass wir Nutztierrassen auf unseren Speiseplan setzen oder sie zur Grünlandnutzung einsetzen.

16 __ Die Direktoren
Die Ideengeber ihrer Zeit

Zoodirektoren sind die Leiter eines zoologischen Gartens. Früher waren dies weit überwiegend studierte Biologen, Veterinärmediziner oder Menschen mit ähnlicher Ausbildung. In der heutigen Zeit haben sie mitunter eine andere Ausbildung. Der Kölner Zoo hatte bis 2012 stets nur einen Vorstand, einen Naturwissenschaftler. Infolge der Einführung des Vieraugenprinzips durch die Stadt Köln stehen ihm heute ein Biologe und ein Kaufmann vor.

Der erste Kölner Zoodirektor war Dr. Heinrich Bodinus (Amtszeit 1859–1869, siehe Kapitel 27). Auf ihn folgten Dr. Nicolas Funck (1870–1886), Dr. Ludwig Heck (1886–1888), Dr. Ludwig Wunderlich (1888–1928), Dr. Friedrich Hauchecorne (1929–1938), Dr. Werner Zahn (1938–1951), Dr. Wilhelm Windecker (1952–1975), Prof. Dr. Ernst Kullmann (1975–1981) und Prof. Dr. Gunther Nogge (1981–2007). Zurzeit unterliegt die Leitung Prof. Theo B. Pagel und seinem Vorstandskollegen, Christopher Landsberg, die beide noch viel vorhaben.

Drei der oben genannten »Chefs« widmen wir in diesem Buch ein eigenes Kapitel. Leider fehlt uns der Platz, jeden einzelnen Zoodirektor detailliert zu würdigen. Jeder von ihnen hat zu seiner Zeit die Geschicke und die Entwicklung des Kölner Zoos maßgeblich gestaltet. In der Amtszeit von Prof. Dr. Gunther Nogge entwickelte sich zunehmend die internationale Zusammenarbeit, der europäische Zooverband und die Erhaltungszuchtprojekte entstanden. Mit dem Urwaldhaus und Elefantenpark entstanden zwei tiergärtnerische Meilensteine.

Prof. Dr. Ernst Kullmann ist dem ein oder anderen vielleicht noch aus seiner Zusammenarbeit mit Horst Stern zum Film »Leben am seidenen Faden« ein Begriff. Der Hesse Dr. Wilhelm Windecker erlebte die größte aller Zooerweiterungen. 1954 fällte der Stadtrat die Entscheidung, den Zoo um die 7,8 Hektar der alten Radrennbahn zu erweitern. Ein erster Masterplan, damals Idealplan genannt, entstand 1957 (siehe Kapitel 57).

17__Drehs im Zoo

Wenn Schauspieler den Affen machen

Die im Verband der Zoologischen Gärten (VdZ) zusammenge-schlossenen Zoos zählen Jahr für Jahr mehr als 40 Millionen Besucher. Klar, dass Film- und Medienschaffende dieses Interesse für ihre Zwecke nutzen wollen. Anfragen für Drehs zu Filmen, Dokus und Reklame rund um Elefantenpark, Hippodom und Co. gehen daher im Wochentakt ein.

Dabei gilt: Wenn Schauspieler den Affen machen, gibt es nichts, was es nicht gibt. Die Spannbreite der Drehs ist mindestens so groß wie die der Flügel des Kölner Weißkopfseeadlers Paco. Eine Mordszene im Backstage-Bereich des Aquariums für den Münsteraner Tatort? Tatsächlich passiert! Auf Kommando pinkelnde Elefanten für eine Reportage des Morgenmagazins? Hat's gegeben! Windmaschinen für den Werbeclip mit Prominenten vor der tropischen Kulisse des Wasserfalls im Regenwaldhaus? Im Kasten!

Die Marketingabteilung des Zoos hat bei Dreharbeiten Hochkonjunktur. Sie koordiniert die Projekte im Vorfeld und bringt die Wünsche der Filmteams mit den Möglichkeiten des Zoos überein. Heuballen werden dabei genauso unkompliziert zur Verfügung gestellt wie Strom oder Wasser für das Catering. Herausfordernder wird es, wenn Tiere vor die Kamera sollen. Pinguinen, Seehunden und Co. sind Drehbücher, die Sprünge durch das Wasser oder begeistertes Flossenklatschen vorsehen, herzlich egal. Da müssen schon Leckerlis in Form von Fisch oder Möhren her, um den Einsatz der tierischen Komparsen zum abgedrehten Erfolg werden zu lassen.

Geduld müssen daher alle mitbringen, die im Zoo drehen wollen. Die Klappe klappt oft – Drehtage sind lang. Die Tierpfleger im Zoo wissen das aus eigener Erfahrung. Sie waren zusammen mit ihren Schützlingen die Stars der Doku-Serie »Tierisch Kölsch« (siehe Kapitel 90), von der zwischen 2006 und 2010 neun Staffeln ausgestrahlt wurden und die allen Beteiligten großen Spaß gemacht hat. Wiederholung: sicher nicht ausgeschlossen!

18__Das Dreigestirn im Zoo
Kölsches Brauchtum

Stammbesucher wissen es längst: Der längste Federschweif im Zoo kann zu Jahresbeginn bestaunt werden. Er ziert mit Fasanenfedern den kölschen Prinzen. Es ist bereits Tradition: Einmal im Jahr geben sich Kinder- und Erwachsenen-Dreigestirn die Ehre und besuchen samt ihrer Entourage den Zoo. Eine Kölner Institution bei einer Kölner Institution sozusagen. Das Stelldichein mit Stippeföttche, kurzen Reden, rheinischem Häppchen-Büfett und »Dreimol Kölle Alaaf« findet stets an einem anderen Ort im Zoo statt. In den Genuss des närrischen Treibens kamen bereits die Krokodile im Aquarium, die Elefanten im Backstage-Bereich ihrer Anlage und die Flusspferde im Hippodom. Auch die Giraffen durften schon große Augen und lange Hälse machen ob der bunt kostümierten Botschafter rheinischen Brauchtums in XS- und XL-Variante. Oberste Prämisse hat dabei stets, dass die Lautstärke dezent bleibt. Schließlich sollen die Tiere nicht erschreckt werden und Fans dieser Aktion bleiben.

Einen buchstäblich »prägenden« Eindruck hat das 2017er-Erwachsenen-Dreigestirn hinterlassen. Stefan Jung (Prinz), Andreas Bulich (Bauer) und Stefan Knepper (Jungfrau) übernahmen die Namenspatenschaft für ein nur wenige Wochen vor ihrem Besuch geborenes Elefanten-Jungtier. »Jung Bul Kne«, so die von Prof. Theo B. Pagel und den Elefanten-Tierpflegern aus den Anfangsbuchstaben der Nachnamen gebildete Benennung des Minifanten, lebt mittlerweile gemeinsam mit Mutter Maha Kumari im Zoo von Kopenhagen. Er bringt damit ein echtes Stück rheinischen Frohsinn in den hohen Norden und sorgt mit seiner draufgängerisch-energiegeladenen Art unter den Zoobesuchern in Dänemarks Hauptstadt sicher für den ein oder anderen Heiterkeitsmoment. Eben echt kölsch und »us janzem Hätze joot drupp« – exakt so, wie es im Karneval eben sein soll. Und sicher weiß dort keiner um seinen Namensursprung.

19 Der Eisbärenkampf
Dramatische Ereignisse

Der »Eisbärkampf«, eine Abbildung des Künstlers Ludwig Beckmann, steht stellvertretend für verschiedene dramatische Ereignisse,
die es in der Historie des 160 Jahre alten Kölner Zoos gab. Beckmann
hatte Malerei in Düsseldorf studiert. Als Holzschnitt fand dieser
1875 stattgefundene Kampf Eingang in die Annalen des Zoos. Beckmann zeigt, wie ein Tier das andere packt und Wärter von außen mit
verschiedenen Wurfgeschossen, wie Brettern und Steinen, und mit
einem Haken, die Tiere zu lösen versuchen. Das gelang aber nicht.

Der Rhein trat in der Amtszeit von Zoodirektor Dr. Funck gleich
zweimal so stark über seine Ufer, dass er den Zoo überflutete. Insbesondere beim ersten Hochwasser verloren auch eine Reihe von
Tieren ihr Leben – beim zweiten Hochwasser hatte sich der Zoo
schon besser darauf vorbereiten können. In unserem Jubiläumsbuch
von 2010 lässt sich nachlesen: »Wasservögel und Biber schwammen
bunt gemischt durch das zu einem riesigen See mutierte Gelände.«
Die Verluste im Adlergehäuse waren besonders groß. »Nahezu alle
Raubvögel waren jämmerlich ersoffen.« Die Rettungsmaßnahmen
gestalteten sich schwierig, da die wilden Tiere unter diesen Umstän-
den natürlich verunsichert waren. Zum Elefantenhaus musste eine
Brücke gebaut werden. Dort randalierte ein Afrikanischer Elefant.

Die Kosten waren hoch, die Schäden beim ersten Hochwasser von 1876 betrugen 6.000 Mark, beim zweiten von 1882 sogar
20.000 Mark. Dies, aber vor allem die Verantwortung für die uns
anvertrauten Tiere führte dazu, dass wir heute über einen Hochwas-
seralarmplan verfügen, den wir hoffentlich nie werden in Anspruch
nehmen müssen.

Ende des 19. Jahrhunderts verstarb ein Gnu, bei dessen Obduk-
tion eine Nähnadel und rostige Nägel zum Vorschein kamen, die es
offensichtlich über Futter, das ihm von Besuchern gereicht wurde, zu
sich genommen hatte. In den letzten Jahrzehnten haben wir solche
Probleme Gott sei Dank nicht mehr.

20 Das Elefantenhaus

Die ältesten vier Wände

Das ehemalige Elefantenhaus aus dem Jahr 1863 ist das älteste im Kölner Zoo erhaltene Gebäude. Es wurde als Giraffen- und Antilopenhaus gebaut. Erst 1874 zogen die Elefanten in das umgebaute Haus ein. In unserem Archiv konnten wir ausfindig machen, dass bereits 1865 ein Elefant in das alte Eisenbahnerhäuschen einzog. 1872 kam ein kleiner indischer Elefant, genauer gesagt eine Elefantenkuh, nach Köln. Nur drei Jahre später, 1875, folgte ein afrikanischer Elefantenbulle. Von beiden ist bekannt, dass sie das historische Unwetter von 1876 überlebten.

Der Verbleib der Elefanten in den Kriegsjahren ist von den Aufzeichnungen her sehr lückenhaft. Nach dem Zweiten Weltkrieg, 1950, zog die indische Elefantenkuh Rani in das sanierte Elefantenhaus ein. Und 1954 kam die indische Elefantenkuh Savani, seinerzeit vier Jahre alt, dazu. Professor Pagel hatte das Vergnügen, sie kennenzulernen, denn sie starb erst 2004 – altersschwach mit 55 Jahren. Die asiatische Elefantenkuh Mithuri kam 1968, mit vier Jahren, nach Köln. Ein Jahr später fanden auch die zwei afrikanischen Elefantenkühe Tanga und Pretti zu uns. Diese fünf Elefanten lebten zwei Jahrzehnte zusammen.

1988 wurde Mithuri nach einem Unfall eingeschläfert. Sie litt an einer krankhaften Veränderung im Gehirn. 1991 verstarb Rani, 1997 Tanga. 2005 verließ Pretti den Kölner Zoo und lebt im Zoo Planète Sauvage mit weiteren afrikanischen Elefanten.

Neben Elefanten bewohnten allerlei andere Tiere das Elefantenhaus, so 120 Jahre lang die Flusspferde *(Hippopotamus amphibius)* (siehe Kapitel 38). Viele erinnern sich sicher noch an die Panzernashörner. Heute leben das Spitzmaulnashorn *(Diceros bicornis)*, Pinselohrschweine *(Potamochoerus porcus)* sowie afrikanische Wasser- und Stelzvögel im alten Elefantenhaus. Für die Zukunft ist geplant, dass hier kleinere Tiere, nämlich seltene Lemuren aus Madagaskar, gehalten werden.

21 Der Elefantenpark

Das moderne Heim der Dickhäuter

Der Elefantenpark im Kölner Zoo öffnete am 19. September 2004 seine Pforten – unter großer Aufmerksamkeit der Medien und begleitet von einem riesigen Besucherandrang. Das rund zwei Hektar große Gelände für Asiatische Elefanten *(Elephas maximus)* ist eine der größten Elefantenhaltungen weltweit. Mittlerweile konnten wir unter Beweis stellen, dass wir Elefanten nicht nur halten, sondern auch regelmäßig erfolgreich züchten können. Zuvor wurden unsere Elefanten im alten Elefantenhaus gezeigt (siehe Kapitel 20), das ein Auslaufmodell der Elefantenhaltung war.

In dieser Anlage können wir dauerhaft zwei erwachsene Elefantenbullen sowie eine Herde halten. Die drei Außenanlagen sind miteinander kombinierbar. Die Innenanlagen verfügen über großzügige Freiaufflächen und Abtrennbereiche, wo die Tiere trainiert werden können – stets im geschützten Kontakt, das heißt der Pfleger arbeitet nie direkt am Tier.

Das Haus mit einem circa 3.000 Quadratmeter großen begrünten Holzdach, das auf Stelzen steht und stilisierte Bäume darstellen soll, deren Kronendächer aneinanderstoßen, hat Architekturpreise gewonnen.

Die Anlage ist komplett videoüberwacht; von einem zentralen Schaltraum können die Tiere beobachtet und die Tore bedient werden. Zudem gibt es zwei Möglichkeiten, die Elefanten regelmäßig zu wiegen und gegebenenfalls tiermedizinisch zu behandeln.

Aktuell besteht die Herde aus 13 Elefanten, den Bullen Bindu (geb. 1969) und Sang Raja (geb. 1999) sowie den Jungbullen Rajendra (geb. 2011 in Köln), La Min Kyaw (geb. 2016 in Köln), Moma (geb. 2017 in Köln), Kitai (geb. 2017 in Köln), den Elefantenkühen Marlar (geb. 2006 in Köln), Shu Thu Zar (geb. 1993) sowie Kuhkalb Bindi (geb. 2012 in Köln), den 2006 aus Thailand importierten Elefantenkühen Kreeblamduan (geb. 1984), Tong Koon (geb. 1988), Maejaruad (geb. 1989) und Laongdaw (geb. 1990).

22 Die Erbschaften

Schönes erhalten

»Wir möchten mit dem Verantwortlichen sprechen, der in Ihrem Haus Erbschaften betreut.« So begann eine der sicherlich kuriosesten, aber auch einträglichsten E-Mail-Anfragen, die je den Kölner Zoo erreichten. Sie stammte von einem amerikanischen Vermögensmanager, der das Vermögen der US-Amerikanerin Elisabeth Reichert verwaltet. Daraus geworden ist schlussendlich die größte Erbschaft, die dem Kölner Zoo jemals vermacht worden ist. Frau Reichert, eine gebürtige Kölnerin, emigrierte nach dem Zweiten Weltkrieg mit ihrem Mann Arnulf über Israel in die USA. Dort baute das kinderlose Paar mit einem Zootierhandel ein Vermögen in Höhe von rund 24 Millionen US-Dollar auf. Arnulf Reichert, ein Mann jüdischen Glaubens, überlebte die Nazidiktatur im Untergrund – dank des Mutes verschiedener Kölner Bürger, die ihn versteckten.

Aus Dankbarkeit und dem Wunsch, etwas für Tiere und Köln zu tun, entschieden sich die Reicherts, Köln und der Region mit der in eine Stiftung eingebrachten Erbschaft etwas zurückzugeben. Sie wählten den Zoo, weil sie damit viele Bevölkerungsschichten erreichen: zum Beispiel die Pänz, die die Elefanten bestaunen, in der Zooschule lernen und auf dem Spielplatz toben; die Eltern, die sich im Zoorestaurant vom Elternsein erholen; oder die Rentner, die die Parklandschaft beim Spaziergang genießen. Zudem, na klar, profitieren auch die großen und kleinen Tiere im Zoo sowie die Artenschutz- und Forschungsprojekte.

Immer mehr Privatleute und Institutionen tun es Arnulf und Elisabeth Reichert gleich und bedenken den gemeinnützigen Zoo. Vermacht wird vieles. Häuser und Schmuck, Bilder und Skulpturen, Bar- und Bankvermögen. Christopher Landsberg, der als Kaufmännischer Vorstand den Bereich Erbschaften verantwortet, steuert die rechtlich richtige und treuhänderische Abwicklung. Die nächste Anfrage kann also kommen – aus welchem Winkel der Welt auch immer!

23 Die Erdferkel

Die blaue Elise

Die Älteren unter uns werden sich vielleicht erinnern, dass es in den 1970er Jahren nicht nur die Zeichentrickserie »Der rosarote Panther« gab, sondern von den gleichen Machern und im gleichen Stil auch »Die blaue Elise«. Im englischen Original, »The Ant and the Aardvark«, jagte ein blaues Erdferkel erfolglos die clevere Ameise Charlie. In der deutschen Synchronisation wurde aus dem männlichen Erdferkel ein weiblicher Ameisenbär. Daher glauben vermutlich viele, dass es sich dabei tatsächlich um einen Ameisenbär handelte. Das ist aber falsch. Genau solche Erdferkel *(Orycteropus afer)*, allerdings keine blauen, halten wir seit 2018 im Hippodom. Zweimal am Tage werden sie dort öffentlich gefüttert.

Die Erdferkel sind außergewöhnliche Säugetiere aus der Ordnung der Röhrenzähner *(Tubulidentata)*. Sie kommen in Afrika südlich der Sahara vor. Dort bewohnen sie offene und geschlossene Landschaften. Die Populationsdichte ist niedrig. Man geht davon aus, dass, je nach Habitat, rund zehn Individuen auf zehn Quadratkilometern leben. Sie sind Einzelgänger, nachtaktiv und verbringen den Tag in selbst gegrabenen Erdhöhlen. Ihre Nahrung besteht aus Insekten, vor allem Termiten und Ameisen. Im Zoo erhalten sie eine eiweißreiche Ersatznahrung und verschiedene Insekten.

Sie erreichen eine Kopf-Rumpf-Länge von über 140 Zentimeter und ein Gewicht von bis zu 65 Kilogramm. Das Erdferkel zeichnet sich vor allem durch seine großen, schaufelähnlichen Vorder- und Hinterfüße aus, mit denen es in der Lage ist, flugs Höhlen zu graben.

Die Lebensweise des Erdferkels ist aufgrund seiner nächtlichen Aktivität bis heute wenig erforscht. In der Literatur finden sich muntere Phasen, die kurz nach der Abenddämmerung um etwa 19:30 Uhr beginnen und bis zur Morgendämmerung gegen 5:30 Uhr andauern. Das deckt sich mit unseren Beobachtungen, die wir über eine Wildkamerafalle durchgeführt haben. Seit einiger Zeit haben wir nun ein Pärchen dieser seltsamen Tiere und hoffen auf Nachwuchs.

24 Erdmännchen & Co.

Wir sind die Superstars

Schlangen sind im Zoo in jeder Hinsicht keine Seltenheit. Es gibt sie in tierischer Form in Terrarium und Tropenhaus – und in menschlicher an beliebten Gehegen. Während die Tierpfleger schon von Berufs wegen jedem einzelnen ihrer Schützlinge volle Aufmerksamkeit schenken, verteilt sich die Gunst der Besucher unregelmäßiger. Wer dem Rundgang folgt, erlebt die ersten Menschentrauben bereits direkt zu Beginn – an der Erdmännchenanlage. Aktivität und Aussehen der putzigen Kleinsäuger machen sie zu Stars des Zoos. Echte Hingucker sind auch die Waschbären, vor allem zur Fütterungszeit. Der Pavianfelsen mit seinem turbulenten Geschehen ist ebenfalls einer der Klassiker im Kölner Zoo. Auch an Löwen, Tigern und Leoparden führt für viele Besucher kein Weg vorbei. Lassen sie majestätisch ihre Rufe ertönen, staunt so mancher kleine Besucher mit offenem Mund. Das Urwaldhaus für Menschenaffen beherbergt seit 1985 Gorillas, Orang-Utans und Bonobos. Inzwischen verstorbene Bewohner wie die malende Orang-Utan-Dame Tilda oder Gorilla-Silberrücken Kim waren vielen Kölnern über Jahrzehnte ein Begriff.

Bei Marlar, dem ersten jemals in Köln geborenen Elefanten, ist dies bis heute so. Sie, ihr Sohn Moma und die weiteren Dickhäuter zählen – selbstverständlich – zu den Stars im Zoo. In ihrer Liga schwimmen die Kalifornischen Seelöwen mit. Die täglich zweimal stattfindende Sprung- und Fütterungsshow an ihrem Felsen sorgt verlässlich für Besucherandrang und laute »Ahs« und »Ohs«. Giraffen stehen bei weiblichen Zoobesuchern im Ansehen ganz vorn. Das liegt wohl an den großen Augen und dem eleganten Schwebegang der längsten Landsäuger der Erde. Für Grazilität stehen Flusspferde dagegen nicht gerade, dennoch ist der Besuch bei ihnen ein Muss. Und am Ende des Rundgangs wartet das berühmteste lebende Sportmaskottchen der Welt: Hennes IX., der VIP unter den 10.000 Zoobewohnern.

25 Die Erhaltungszucht-programme

Für zukünftige Generationen

Schon früh, noch vor Inkrafttreten des Washingtoner Artenschutz-abkommens, erkannten viele zoologische Gärten, dass es nicht mehr möglich war, alle Tiere aus dem Freiland zu rekrutieren. Sie waren sich bewusst, dass sie selbsterhaltende Populationen aufbauen mussten, wollten sie bestimmte Tierarten auch in Zukunft zeigen. Sie erkannten ebenfalls schnell, dass diese Tierarten um ihrer selbst willen zu erhalten sind, denn die Bedrohung im Freiland nahm ständig zu. Mitte der 1980er Jahre wurden die Erhaltungszuchtprogramme gegründet. Eines der entscheidenden Treffen dazu fand 1985 im Kölner Zoo statt.

Mit nunmehr über 400 Europäischen Erhaltungszuchtprogrammen (EEP) sorgen wir dafür, dass Tiere dauerhaft mit hoher genetischer Diversität erhalten werden. Der Schutz vom Aussterben bedrohter Arten steht im Mittelpunkt. Teilnehmer der Zuchtprogramme sind Mitglieder des Verbands, in Einzelfällen und unter bestimmten Bedingungen Nicht-Verbandsmitglieder, darunter auch Privathalter.

Jedem Zuchtprogramm steht ein Koordinator vor. Er arbeitet in einem Zoo und wird von ihm unterstützt. Ihm steht ein spezielles Computerprogramm zur Verfügung, mit dem er zum Beispiel Inzuchtkoeffizienten berechnen und so die richtige Verpaarung vorschlagen kann. Dem Koordinator steht eine Artkommission aus Spezialisten und Haltern der entsprechenden Art zur Seite. Gemeinsam schlagen sie vor, wer mit wem verpaart wird, wer gegebenenfalls nicht mehr oder zurzeit nicht züchten soll. Sie stellen Haltungsrichtlinien auf und beraten neue Halter. Viele Erhaltungszuchtprogramme haben heute Verbindungen zu Freilandprojekten und -forschern. Die EEPs selbst sind den Taxon Advisory Groups (Spezialisten für eine Tiergruppe) unterstellt. Heute werden die EEPs als »EAZA Ex situ Erhaltungszuchtprogramme« bezeichnet. Sie können auch für nicht bedrohte Arten gegründet werden.

26 Erholung, Bildung, Forschung, Artenschutz

Die vier Säulen moderner Zoos

Die Ziele moderner, wissenschaftlich geführter zoologischer Gärten wurden vom Weltzooverband (WAZA) nach der Umweltkonferenz in Rio 1992 diskutiert. Es galt, sich selbst Ziele zu setzen. Es entstand die Welt-Zoo-und-Aquarium-Naturschutzstrategie. Sie benennt vier Säulen, auf denen wir heute stehen. 1999 wurden sie erfreulicherweise in die entsprechende Zoo-Direktive der EU übernommen. Kein Geringerer als Achim Steiner, der damalige Präsident der Weltnaturschutzunion (IUCN), sagte: »Als Partner im Naturschutz begrüßt die IUCN die Welt-Zoo-und-Aquarien-Naturschutzstrategie und wünscht Ihnen allen Erfolg bei ihrer Durchführung.«

Weiterhin ist in der Strategie nachzulesen: »Nur Zoos, Aquarien und botanische Gärten können das ganze Spektrum der Naturschutzaktivitäten abdecken, von der *Ex-situ*-Zucht bedrohter Arten über Forschung, öffentliche Bildung, Ausbildung, Einflussnahme, Beratung bis hin zum *In-situ*-Schutz für Arten, Populationen und Lebensräume. Sie haben als einzige Institutionen in ihren Besuchern ein riesiges, interessiertes Publikum, dessen Wissen, Verständnis, Einstellung, Verhalten und Beteiligung positiv beeinflusst und genutzt werden kann.« Dem ist eigentlich nichts hinzuzufügen. Fast jeder verbindet mit einem Zoobesuch Erholung. Ein weiterer wichtiger Bereich ist jedoch die Bildung (siehe Kapitel 108, 109). Neben diesen beiden sind es die Forschung und der Arten- und Naturschutz, die wir heute als unsere Kernaufgaben verstehen. Hier sind wissenschaftlich geführte Zoos stark und effektiv. Aus diesen Zielen entstand unsere Mission, die wir heute leben: Zoos und Aquarien tragen zum Naturschutz durch ihr Wissen, ihre Erfahrung und den Einsatz ihrer Mittel bei. Zoos und Aquarien sind weltweit eine treibende Kraft im Naturschutz und betreiben oder unterstützen Freilandprojekte zum Schutz von Wildtieren und ihrer Lebensräume.

27__Der erste Zoodirektor

Bodinus, 'ne Duvejäck

Heinrich Karl August Bodinus (1814–1884) folgte im Jahr 1859 einem Ruf von Caspar Garthe nach Köln. Er entwickelte den Kölner Zoo und war bis zum Herbst 1869 sein erster Direktor. Danach übernahm er die Führung des Zoos Berlin. In dem Buch »Der Kölner Zoo« von Gunther Nogge und Johann Jakob Hässlin (1985) ist nachzulesen, dass er »1884 von einer Nachfeier seines siebzigsten Geburtstages beim Verein Cypria nach Hause kam«, dann »machte ein Schlag seinem Leben ein Ende, genau zehn Tage nach Alfred Brehm«. Er wurde auf dem alten Zwölf-Apostel-Kirchhof in Berlin-Schöneberg beigesetzt.

Von Hause aus war Bodinus Arzt und Zoologe. Er wurde als Sohn des Domänenpächters Friedrich Bodinius in Drewelow bei Anklam geboren. Er besuchte das Jageteufelsche Kollegium in Stettin. In Greifswald und Berlin studierte er Medizin. In Bergen auf Rügen war er als Arzt tätig. 1852 zog er nach Greifswald, wo er ein Zoologiestudium aufnahm. Bodinus beschäftigte sich vor allem mit Geflügelzucht. Zahlreiche Veröffentlichungen zu dem Thema wiesen ihn als Experten aus. Er war »'ne Duvejäck«, wie wir in Köln zu sagen pflegen –, ein Taubennarr. Kein Wunder, dass er sich für die Verbreitung der Stralsunder Hochflieger einsetzte und die Taubenrasse Bodinussche Tümmler nach ihm benannt wurde. Mit dem heutigen Direktor, Professor Pagel, verbindet ihn, dass er ebenfalls einen »kleinen Privat-Zoo« hatte, wo er unter anderem Vögel hielt. Und dass beide Hunde lieb(t)en – bei Bodinus war es der Neufundländer.

Den Kölner Zoo prägte er durch zahlreiche maurische Bauten. Zudem konnte er einen beachtlichen Tierbestand aufbauen. Mitunter waren seine Methoden unkonventionell (siehe Kapitel 81). Die Bodinus-Amazone *(Amazona festiva bodini)*, eine Unterart der Blaubartamazone, wurde nach ihm benannt. Und nahe dem Kölner Zoo findet sich die Bodinusstraße – die es übrigens auch in der »verbotenen Stadt« Düsseldorf gibt.

28__Der Förderverein

Echte Fründe stonn zoosamme

Von den Hand in Hand arbeitenden Blattschneiderameisen bis zu den Menschenaffen, die sich gegenseitig den Rücken lausen: Im Kölner Zoo gibt es viele Beispiele dafür, dass man gemeinsam stärker ist – und »echte Fründe zo(o)sammestonn«. Warum das Prinzip also nicht auf *Homo sapiens* übertragen? Das fragten sich 1982 engagierte Liebhaber des Kölner Zoos – und gründeten mit Unterstützung des damaligen Zoodirektors Prof. Dr. Gunther Nogge einen Förderverein. Sie nannten ihn treffend »Freunde des Kölner Zoos«. Ins Schwarze trafen sie auch mit den vielen Initiativen, die sie seitdem zum Wohle des Zoos angestoßen haben.

Das Haupt- und Herzensanliegen der Zoo-Freunde ist klar umrissen: Sie setzen sich dafür ein, dass die Tiere im Zoo nach den neuesten wissenschaftlichen Erkenntnissen leben können, und sind zur Stelle, wenn der Zoo dafür neue Großprojekte plant und umsetzt. In diesem Sinne stand der Förderverein in den vergangenen Jahrzenten immer parat, wenn im Zoo die Bagger anrollten, Fundamente gelegt und Dächer gedeckt wurden.

Das 1985 eröffnete Urwaldhaus für Menschenaffen war das erste Großprojekt, für das sich die Freunde des Kölner Zoos tatkräftig starkmachten. Sieben große und kleine Affenarten haben dort mittlerweile ihr Zuhause gefunden. Der Bau war ein auch international viel beachteter Meilenstein der Haltung von Menschenaffen – und damit als Pioniertat der optimale Ausgangspunkt für das weitere Engagement der Zoo-Freunde. Seitdem haben sie ehrenamtlich jedes große Bauprojekt des Kölner Zoos unterstützt – vom Tropenhaus »Regenwald« über den Elefantenpark, Hippodom, Clemenshof und die Banteng-Anlage bis hin zum Südamerikahaus. Aus einer Anfangsinitiative ist also, so kann man mit Fug und Recht sagen, ein wichtiger Teil der Zoofamilie geworden, auf den wir buchstäblich »bauen« können. »Echte Fründe stonn en Kölle zo(o)samme …«

29___Die Fußballmannschaft
Erfolgsverwöhnte Sieger

Was dem 1. FC Köln in der Bundesliga mitunter nicht so recht gelingt, klappt in der Zoowelt ganz hervorragend. Köln ist unter den fußballspielenden Zoomannschaften internationale Spitze! Ein Serienmeister – und erfolgsverwöhnter Sieger. Bereits viermal hat das gemischte Herren- und Damen-Team aus Tierpflegern, Gärtnern und Gastromitarbeitern bei Turnieren mit Zoos aus ganz Europa auf dem Siegertreppchen ganz oben gestanden. Klarer Rekord – in der Gastronomie türmen sich die Siegerpokale, die stolz an den Kassen ausgestellt werden.

Jahr für Jahr finden die Internationalen Zoofußballturniere in einer anderen europäischen Metropole statt. 2017 war Berlin Gastgeber der kickenden Zoomitarbeiter. 2018 traf sich die Zoofußballwelt in der tschechischen Hauptstadt Prag. Aber auch Köln hat schon die Rolle des Gastgebers übernommen.

Gespielt wird wie bei den »richtigen« Europameisterschaften – mit Vorrunde, Hauptrunde, kleinem und großem Finale. Bei allem Spaß, bei aller Ausgelassenheit: Ehrgeiz und Siegeswillen kommen genauso wenig zu kurz wie die abendliche Nachbesprechung der schönsten Spieltagszenen bei Kölsch, Pils und Co.

Der Grund für den serienmäßigen Erfolg der kölschen Kicker – er muss im »tierisch« guten Zusammenhalt der Truppe liegen. Eine Abwehr, die zusammenhält wie die Herde im Elefantenpark. Ein Mittelfeld, so reich an Kabinettstückchen wie die Seelöwen bei den täglichen Seelöwenshows. Stürmer mit der Schnelligkeit und Präzision der Geparden. Dazu Trainer am Spielfeldrand, die das Geschehen auf dem Platz mindestens so gut im Auge haben wie die Seeadler ihre Beute beim Anflug während der Flugshow. Die Natur ist eben auch hier der beste Lehrmeister. Vielleicht sollten sich die Profis des 1. FC Köln einfach ein Beispiel daran nehmen und bei ihrem nächsten Zoobesuch – viele Spieler kommen regelmäßig mit Familie – den Tieren etwas abschauen.

30__Der Futterhof
Tierische Haute Cuisine

270 Tonnen Heu. Rund 180 Tonnen Stroh. Circa 50 Tonnen Fertig- und Mischfutter. 300 Tonnen Obst und Gemüse. 20 Tonnen Fisch und Fleisch. 1.300 Kaninchen, rund 1.500 Hühner und mehr als drei Millionen Heimchen. Zugegeben: Das, was im Kölner Zoo pro Jahr aufgetischt wird, ist eine bunte Mischung, die in keinem Kochbuch steht. Für die großen und kleinen Tiere im Zoo ist der Speiseplan jedoch genau richtig.

Komponiert wird er von den Zoomitarbeitern am Futterhof. Hier gehen alle Bestellungen ein, hier wird an- und ausgeliefert. Jeden Morgen, werktags wie wochenends, drehen die »Zooköche« ihre Runde durch die Reviere und laden vom Kleinbus in Kisten und Körben ab, was die Kollegen aus der Tierpflege am Vortag bestellt haben. Pferdekeule für die Löwen – voilà! Heimchen für die Echsen – bon appétit! Frisches Blattlaub für die hochhängenden Fresströge der Giraffen – so geht wahre Haute Cuisine!

Auch Extrawünsche nimmt die erfahrene Futterhof-Crew an. Bei den Bären verstreichen die Tierpfleger ab und an Apfelmus oder Nussnougatcreme zwischen den Felsritzen der Anlagen, das als sogenanntes Beschäftigungsfutter von den Bären erschnüffelt wird. Auch andere Tiere müssen was tun für ihr Essen: So »errüsseln« die Elefanten Äpfel und Möhren unter dicken Sandschichten, wo die Tierpfleger die Köstlichkeiten zuvor vergraben haben. Bei den Seelöwen gibt's an heißen Tagen gern mal eine Fischeis-Torte mit tiefgefrorenen Heringen.

Haben die Gorillas im Urwaldhaus Schnupfen und Halsweh, liegt ausreichend Kräutertee in den Lagern des Futterhofs bereit. Hat ein Tier zu viel Speck angesetzt, werden Diätpläne aufgestellt. Schließlich heißt es auch im Zoo: Gesund ist, wer maßvoll isst. Der Zoo lässt sich die Bewirtung seiner tierischen Bewohner einiges kosten: Rund 700.000 Euro gibt er pro Jahr dafür aus. Guter Geschmack war eben immer schon etwas teurer.

31__Die Gärtner

Was blüht denn da?

Eine Fläche, die rund 29 Fußballfeldern entspricht; mit Haus- und Freiluftanlagen, bei deren Gestaltung Lebensräume aus allen Teilen der Erde nachzubilden sind; und mit einem historischen Baubestand, den es zu hegen und zu pflegen gilt. Diesen Ansprüchen müssen die Gärtner des Kölner Zoos gerecht werden. 17 sind es an der Zahl, allen voran Gärtnermeister Thomas Titz, der hier seit fast 30 Jahren arbeitet. Ihre Aufgabe gehört zu den wichtigsten im Zoo, denn sie sorgen für »blühende Landschaften« – tief im Westen, mitten in Köln. Ein zoologischer Garten ist eben immer auch ein – der Name sagt es – Garten! Sehr viele Zoogäste achten auf beides: den spannenden Tierbestand und die gepflegte Gestaltung der Parkanlagen. Und daher pflanzen wir regelmäßig Bäume nach, wenn alte weichen.

Die Gärtner wissen, was sie dafür tun müssen. Sie säen und jäten, rupfen und zupfen, harken und warten – mal auf Regen, mal auf Sonne. Und mal auf die Müllabfuhr. Denn Abfallentsorgung und Reinigung der Zoowege gehören auch zu den Aufgaben der fleißigen Männer und Frauen mit dem grünen Daumen. Sie tun das bei Wind und Wetter. Die Gärtner wässern bei 40 Grad im Schatten und befreien die Wege im Winter von Schnee und Eis. Wohl dem, der wetterfest ist!

Das Motto der Zoogärtnerei passt zu Köln wie die Tulpe zu Holland. »Gepflegt verwildert«, so soll das Riehler Tierparadies aussehen. So manche Ecke wird penibel gepflegt. Andere wiederum werden bewusst wilder gehalten. So kommt jeder Besucher auf seine Kosten und findet garantiert sein persönliches Lieblingsplätzchen im Landschaftsensemble, beispielsweise auf einer Bank unter den Zoobäumen. Dass diese nicht um- und keinem auf den Kopf fallen – auch dafür sorgt die Gärtnerei im Kölner Zoo. Regelmäßig kontrolliert sie den wertvollen Bestand an Nadel- und Laubgehölzen. Sie sind also echte Alleskönner – die Gärtner im Kölner Zoo.

32 Das Gehege als Revier

Hier fühle ich mich wohl und sicher

Wie hält man die Tiere im Zoo am besten? Was benötigen sie? Zunächst ist zu sagen, dass in einem wissenschaftlich geleiteten Zoo ausgewiesene Fachleute arbeiten. In Köln verfügen wir über ausgebildete Zootierpfleger, Biologen und eine Tierärztin – die verstehen ihr Handwerk. Zudem lernen wir täglich dazu (und niemals aus). Die Erkenntnisse über Tiere im Freiland wie in Menschenobhut haben insbesondere in den letzten 50 Jahren enorm zugenommen. Dies ist in einem alten Zoo, wie dem Kölner, gut abzulesen. Hier ist die Entwicklung der Tierhaltung erlebbar. Schauen Sie sich nur einmal das alte Elefantenhaus an und vergleichen Sie es mit dem modernen Elefantenpark.

Die Tiere im Zoo sehen den Käfig, das Gehege, ihre Anlage, ihr Aquarium oder auch ihr Terrarium als ihr Revier. Das können wir vor allem an zwei Dingen ablesen.

Zum einen sind sie, wenn sie das Gehege versehentlich einmal verlassen, unsicher. Viele Tiere kehren schnell wieder von allein in ihr Revier zurück. Das ist in der Natur ähnlich. Ein Löwenkater *(Panthera leo)*, der sein Rudel verlassen und sich selbst anderswo eine Existenz aufbauen muss, ist erst einmal verunsichert. Er verlässt sein Rudel und sein Revier, und das bedeutet großen Stress für das Tier.

Zum anderen nehmen die Zootiere ihre Anlage in Besitz. Sie markieren und kennzeichnen ihr Revier wie im Freiland. Das ist bei unseren Geparden *(Acinonyx jubatus)* gut zu sehen. Sie hinterlassen Urin- und Kratzstellen an Bäumen und haben zudem feste Wege, die sie zur Patrouille durch ihr Revier nutzen. Solche Pfade und Wechsel sind allenthalben auch in unseren Wäldern zu sehen – dort stammen sie freilich von Rehwild *(Capreolus capreolus)* und Wildschwein *(Sus scrofa)*. Eine ganze Reihe von Tieren verteidigen ihr Revier gegen Eindringlinge, das müssen vor allem Zootierpfleger beachten, wenn sie bestimmte Gehege betreten.

33_ Die Giraffe

Das höchste Tier im Zoo (nicht der Direktor)

Die Giraffen *(Giraffa)* werden nach neuesten Untersuchungen in vier Arten mit sieben eigenständigen Populationen unterteilt. Im Kölner Zoo halten wir die Netzgiraffe *(Giraffa reticulata)*. Ihre Heimat ist Äthiopien, Kenia und Somalia. Ihr Bestand ist rückläufig und wird momentan mit nur mehr rund 11.000 Tieren angegeben. Der typische Lebensraum sind Dornbuschsteppen, Savannen mit Akazien oder lichte Galeriewälder. Sie sind in Höhen bis zu 1.100 Meter über dem Meeresspiegel anzutreffen.

Die männlichen Exemplare, Giraffenbullen genannt, die etwas größer werden als die Weibchen (Kühe), weisen eine Schulterhöhe von bis zu 330 Zentimeter und eine Gesamthöhe von bis zu 560 Zentimeter auf. Damit sind sie die höchsten landlebenden Tiere. Die Giraffenkühe werden bis zu 450 Zentimeter hoch. Ob ihrer Größe erreichen Giraffen ein Gewicht von bis zu 900 Kilogramm.

Die bislang größte bekannte Giraffe war Ende der 1950er Jahre ein Massai-Giraffen-Bulle *(Giraffa tippelskirchi)*, der im Zoo von Chester, Großbritannien, gehalten wurde. Das Tier soll eine Größe von 610 Zentimeter gehabt haben und fast an die Decke des Hauses gestoßen sein.

Die Tragzeit der Giraffen beträgt etwa 14 bis 15 Monate. Neugeborene Giraffen sind bereits 180 Zentimeter hoch und rund 50 Kilogramm schwer. Ihre Geburt ist ein kleines Abenteuer, denn sie erfolgt im Stehen, was bedeutet, dass die Neugeborenen aus etwa zwei Metern Höhe zu Boden fallen. Unglaublich!

Immer wieder wird die Frage gestellt: »Wie viele Halswirbel hat eine Giraffe?« Obwohl Giraffen einen sehr langen Hals haben, verfügen sie lediglich über genauso viele Halswirbel wie fast alle Säugetiere, darunter auch der Mensch, nämlich sieben.

Giraffen haben einen hohen Blutdruck, den höchsten aller Säugetiere. Nur so können sie ihren Kopf ausreichend versorgen. Das Herz der Giraffen ist daher besonders leistungsstark.

34 Die grauen Riesen

Die bedrohten Elefanten

Elefanten *(Elephantidae)* bilden die Familie der Rüsseltiere *(Proboscidea)*. Zu dieser »Kleinfamilie« gehören die drei heute noch lebenden Vertreter: der Afrikanischer Elefant *(Loxodonta africana)*, der ebenfalls in Afrika lebende Waldelefant *(Loxodonta cyclotis)* und der Asiatische Elefant *(Elephas maximus)*. In der Natur kann es durch die geografischen Distanzen keine Hybriden zwischen den asiatischen und afrikanischen Gattungen geben. Nur im Zoo von Chester, Großbritannien, wurde 1978 ein solches Jungtier geboren. Es hieß Motty, verstarb aber zwei Wochen nach seiner Geburt. Es hatte asiatische Merkmale, aber die großen Ohren der afrikanischen Elefanten.

Als die größten Landtiere mit bis zu über sechs Tonnen Körpergewicht werden Elefanten umgangssprachlich als »graue Riesen« bezeichnet. Ihre Tragzeit ist die längste aller Landsäugetiere; sie liegt zwischen 20 bis 22 Monaten. In der Regel wiegt ein Elefantenkalb bei der Geburt bis zu 100 Kilogramm. Sie können ein Alter von über 55 Jahre erreichen.

Wenn wir an Elefanten denken, dann fallen uns vor allem der Rüssel, die großen Ohren und Stoßzähne aus Elfenbein ein. Letztere werden ihnen zunehmend zum Verhängnis. Die Zahlen sind erschreckend. Wir gehen davon aus, dass jährlich bis zu 20.000 Elefanten ihr Leben wegen ihrer Zähne verlieren – das ist unfassbar! In dem Wissen, dass auf dem afrikanischen Kontinent etwa 150.000 Elefanten leben und wir noch etwa 40.000 bis 50.000 asiatische Elefanten haben, ist leicht auszurechnen, was passiert, wenn wir nicht handeln. Wir haben kein Erkenntnis-, sondern ein Handlungsproblem. Der Preis für legale Elfenbeinprodukte (mit EU-Bescheinigung) wird mit rund 125 bis 350 Euro pro Kilogramm angegeben, je nach Qualität des Rohelfenbeins. Die Summen, die auf dem schwarzen Markt gezahlt werden, sind deutlich höher – es sollen bis zu 2.000 Euro pro Kilogramm über den Tisch gehen.

35___Der Große Ameisenbär

Können Zahnlose beißen?

Der Große Ameisenbär *(Myrmecophaga tridactyla)* ist ein Säugetier und wird systematisch in die Ordnung der Zahnarmen (Pilosa) gestellt. Er besitzt keine Zähne, und seine Mundöffnung ist recht klein – er kann also nicht beißen. Seine Kopf-Rumpf-Länge beträgt bis zu 140 Zentimeter. Charakteristisch sind sein lang gezogener Schädel und der buschige Schwanz, der bis zu 90 Zentimeter lang ist. Im Schlaf decken sich die Tiere damit quasi zu. Das Gewicht von Großen Ameisenbären kann über 50 Kilogramm betragen.

Die Hauptnahrung der Ameisenbären besteht aus Ameisen und Termiten. Mit seinen starken Krallen an den Vorderbeinen ist er in der Lage, selbst feste Termitenbaue zu öffnen. Dann leckt er die Insekten mit seiner bis zu 50 Zentimeter langen, klebrigen Zunge auf.

Die Tragzeit der Großen Ameisenbären liegt bei 180 bis 190 Tagen. Das Weibchen bringt ein Junges zur Welt, das bis zu 1,6 Kilogramm wiegt. Das Jungtier reitet, manchmal im Alter bis zu einem Jahr, auf dem Rücken der Mutter. Dabei verwischen die Fellzeichnungen von Jungtier und Mutter, sodass man meistens zweimal hinsehen muss, um das Jungtier erkennen zu können.

Der Kölner Zoo unterstützt für den Großen Ameisenbär Freilandforschung in Brasilien. Die Biologin Lydia Möcklinghoff betreibt Verhaltensforschung im westbrasilianischen Bundesstaat Mato Grosso do Sul, auf der 110 Quadratkilometer großen Rinderfarm »Fazenda Barranco Alto« im Pantanal. Sie arbeitet dort mit Kamerafallen.

Im Gegenzug konnte der Kölner Zoo Daten und Verhaltensweisen aus dem Freiland nutzen, und so unterscheidet sich die Anlage für Ameisenbären im Kölner Zoo deutlich von anderen. Hier gibt es im Innen- und Außenbereich Badebecken, die die Tiere zum Koten nutzen. Es gibt Bäume, denn die Tiere markieren ihr Revier durch Kratzen an Bäumen. Sie können in Köln ihr natürliches Verhalten ausleben. Die Zucht ist bereits geglückt.

36__Der Grzimek vom Rhein
Zoodirektor Prof. Theo B. Pagel

Die Liebe zum Tier ist Prof. Theo B. Pagel in die Wiege gelegt. Er wuchs nahe des Duisburger Zoos auf und hielt mit seinem Vater unterschiedlichste Tierarten – darunter sogar Stinktiere. Da wundert es kaum, dass Pagel schon als Junge nur einen Berufswunsch hatte: Zoodirektor, na klar!

Er verfolgte sein Ziel konsequent und studierte Biologie, Geografie und Pädagogik in Duisburg und der verbotenen Stadt mit den (über)teuren Einkaufsstraßen. 1991 begann Pagel im Kölner Zoo. Als Kurator setze er schnell eigene Akzente: Neubauten, Aufbau anspruchsvoller Zuchtprogramme für Vögel und Erstnachzuchten. 2007 folgte die Verwirklichung seiner Kindheitsträume – er wurde zum Kölner Zoodirektor berufen.

Wer Pagel auf seinen Morgenrunden durch den Zoo erlebt, versteht, dass ihm sein Beruf Berufung ist. Er schaut nach »seinen« Tieren und pflegt den Austausch mit Mitarbeitern. Zu seinen Stärken zählt die strategische Weiterentwicklung des Zoos. Unter seiner Leitung wurden die Artenschutzprojekte auf mehr als 20 ausgeweitet. Die Zooschule wurde unter Pagels Ägide neu gebaut. Sie ist heute die meistbesuchte des Kontinents.

Große Fußspuren setzt Pagel mit seiner Arbeit in nationalen und internationalen Zooverbänden – auch hier als Weiterentwickler und Visionär. Sein Wort ist so gewichtig, dass er 2019 zum Präsidenten des Weltzooverbands gewählt wurde – eine Ehre für ihn und die Arbeit des Kölner Zoo-Teams.

Sein großes Vorbild ist Prof. Dr. Bernhard Grzimek, mit dem er den Vornamen und Auftritte im Fernsehen teilt – zum Beispiel bei »Theos Tierwelt« (siehe Kapitel 85). Wie Grzimek veröffentlicht er Bücher und Fachartikel. Seit 2007 ist er zudem in der Lehre an der Universität Köln tätig, seit 2016 als Honorarprofessor. Dass dabei noch Freizeit bleibt, mag man kaum glauben. Er verbringt sie bei Reisen zu wilden Tieren oder Wanderungen mit Frau, Dackel und Hund.

37__Hennes IX.
Bock auf Zoo

Wer kennt ihn in Köln nicht, den Hennes, das Maskottchen des 1. FC Köln. Am 13. Februar 1950, zwei Jahre nach der Vereinsgründung, begann seine Geschichte. Die Zirkusdirektorin Carola Williams und Johann Thelen, von dem die Idee stammte, überreichten dem FC während einer Karnevalssitzung einen jungen Ziegenbock – mit den Worten, dass es dem Verein noch an einem Glücksbringer fehle. Das Tier wurde dankend angenommen und kurzerhand nach dem damaligen Spielertrainer Hennes Weisweiler genannt. Diese Aktion hatte weitreichende Folgen: Der Geißbock wurde zum Identifikationsobjekt, die Mannschaft erhielt den Spitznamen »Die Geißböcke«, und der Bock wurde sogar in das Vereinswappen aufgenommen.

Der Geißbock kam zunächst von 1950 bis 1959 zu Wilhelm Siepen in die Marsiliusstraße. Von 1959 bis 1966 kümmerte sich Peter Filz in Müngersdorf um das Tier. 1966 bis 1970 war Günter Neumann am Geißbockheim sein Betreuer. Von 1970 bis 2006 war Wilhelm Schäfer vom Hof Schäfer in Widdersdorf für den Geißbock zuständig. Nach seinem Tode übernahm seine Frau Hilde bis 2014 die Betreuung. Seither lebt der Geißbock im eigens dafür erbauten Kleinen Geißbockheim, das zum Clemenshof des Kölner Zoos gehört.

Die Thronfolge der Geißböcke: 1950–1966: Hennes I., 1966–1970: Hennes II., 1970–1975: Hennes III., 1975–1982: Hennes IV. (fuhr nach dem Gewinn des Doubles in der Saison 1977/78 im Autokorso mit), 1982–1989: Hennes V., 1989–1996: Hennes VI., 1996–2008: Hennes VII. (musste 2009 eingeschläfert werden und wurde ausgestopft), 2008–2019 Hennes VIII. (stieg zweimal in die Bundesliga auf). Seit 2019 regiert Hennes IX, der zusammen mit seinem Vorgänger im Kölner Zoo lebt.

In den letzten Jahren ist Ingo Reipka sein Fahrer. Zu jedem Heimspiel und zu sonstigen Veranstaltungen holt er Hennes mit dem Elektroauto ab. Ein Geißbock im Zoo, das gibt es nur in Köln!

38__Der Hippodom

Einmalige Unterwassereinblicke

Der Hippodom – richtig gelesen, nicht das Hippodrom – steht im Kölner Zoo. Hier leben zwar auch »Pferde«, aber eben Flusspferde. Diese Anlage schenkte sich der Kölner Zoo zum 150-jährigen Geburtstag. Der damalige Oberbürgermeister Jürgen Roters sprach von einem »Meilenstein in der Entwicklung des Zoos«. Das Haus wurde von dem damaligen Dompropst Dr. Norbert Feldhoff gesegnet. Und die RheinEnergie trat dankenswerter Weise als Großsponsor auf.

Der Hippodom, die afrikanische Flusslandschaft mitten in Köln, bietet nicht mehr Platz für weniger Tiere, sondern mehr Platz für mehr Tiere. Ursprünglich galt es, die Haltung von Flusspferden *(Hippopotamus amphibius)* und Nilkrokodilen *(Crocodilus niloticus)* zu verbessern. Doch am Ende fanden auch zahlreiche andere Tierarten hier eine Heimstatt. Verschiedene Vogelarten, Fische, Flughunde und Reptilien sowie die schönen Westlichen Sitatunga-Antilopen *(Tragelaphus spekii)* leben nebeneinander. Die 40 mal 48 Meter große Halle und die 1.000 Quadratmeter große Außenanlage sind üppig bepflanzt. Sitatungas, Klunkerkraniche *(Bugeranus carunculatus)* und Flusspferde leben draußen zusammen, die kleineren Tiere können sich aber stets zurückziehen.

Der Clou im Haus sind die zwölf Zentimeter dicken und drei Meter hohen Plexiglasscheiben (zehn und 14,6 Meter lang) der beiden großen Wasserbereiche für die Hippos und Krokodile. Sie bieten einen einmaligen Einblick in die Unterwasserlebenswelt von Flusspferden, Nilkrokodilen und Fischen. Zudem gibt es im Hippodom Informationen über die kulturelle Bedeutung und wirtschaftliche Nutzung der Tiere sowie über ihre Biologie.

In Swasiland, im südlichen Afrika, unterstützt der Zoo ein Mensch-Tier-Konflikt-Projekt. Krokodile und Flusspferde sind gefährlich und sorgen in ihrer Heimat für Schwierigkeiten. Diese Problemtiere werden nicht mehr abgeschossen, sondern gefangen und in Nationalparks gebracht.

39__Hochwasser in Colonia

Vell zoo huuh!

»Dat Wasser vun Kölle es joot«. So heißt eines der bekanntesten Lieder der kölschen Band Bläck Föös. Der Kölner Zoo ist buchstäblich nah am Wasser gebaut. Wenige hundert Meter trennen Zoo-Eingang von Vater Rhein. So schön und vorteilhaft die Lage normalerweise ist –, hat der Fluss starkes Hochwasser, kriegt das auch der Zoo zu spüren. Schon bei kleinen Pegelerhöhungen merkt man im Zoo, dass der Grundwasserspiegel steigt. In der Regel geschieht dies im Frühjahr, wenn der geschmolzene Schnee aus den Alpen in den Rhein geflossen ist.

Normalerweise bleibt dies folgenlos. Schlimm wird es erst, wenn die große Flut naht. Die sogenannten Jahrhunderthochwasser 1993 und 1995 gingen für den Kölner Zoo noch vergleichsweise glimpflich aus. Zwar traf man Vorsorgemaßnahmen und war gerüstet – doch die großen Rheinhochwasser erwischten damals den Kölner Süden und die Altstadt.

Zu früheren Zeiten war dies anders. Am 16. Januar 1920 wurden weite Teile des Zoos überflutet. Der Pegel zeigte 10,58 Meter an. Die Fütterung der Tiere, zum Beispiel der Löwen und Tiger, erfolgte von einem Boot aus. Heidewitzka, Herr Kapitän! Glück im Unglück: Am Folgetag musste der damalige Zoodirektor lediglich ein Capybara als Opfer der Fluten melden. Der Vertreter der Nagerart – sinnigerweise auch Wasserschwein genannt – musste vor den Wassermassen kapitulieren. Ähnlich schwer traf es den Zoo nur sechs Jahre später. Auch 1926 wurde Mutter Colonia von Vater Rhein übel mitgespielt. Der Pegel stand bei sage und schreibe 10,69 Metern. Wieder traf es den Zoo, und wieder ging es, dank Schutz- und Vorsorgemaßnahmen, halbwegs glimpflich aus.

Schon im 19. Jahrhundert hatte der Zoo nasse Füße bekommen. Die Katastrophenflut vom 29. November 1882 setzte der damals noch nicht mit modernem Hochwasserschutz ausgerüsteten Stadt und dem Zoo zu. Dat Wasser vun Kölle – ist eben nicht immer nur joot.

40__Der Honig
Zoo süß, um wahr zu sein

Zugegeben: Man erwartet sie nicht unbedingt im Bestand eines zoologischen Gartens. Aber da die Kölner ja bekanntlich jeden gern aufnehmen, haben auch sie hier eine feste Heimat gefunden: Die Rede ist von Honigbienen *(Apis mellifera)*. Ihren Platz zwischen Elefanten und Okapis, Ameisenbären und Seelöwen haben sich die fleißigen Flugkünstler redlich verdient, liefern sie doch leckersten Honig, der jedes noch so trockene Brötchen zum reinsten Genuss macht. Da verwundert es nicht, dass das goldgelbe Resultat harter Bienenarbeit bei süßen »Schmeckleckers« längst zum Geheimtipp geworden ist. Die im ZooShop angebotenen Gläser mit Honig mitten aus Köln sind jedenfalls immer schnell ausverkauft.

Verantwortlich für die Imkerei ist Tierpfleger und Hobby-Bienenzüchter Andreas Hölscher. Im Alter von 15 Jahren meldete er sich im Imkerverein an und übernahm erstmals die Verantwortung für Bienenstöcke. 2015 begann Hölscher, natürlich mit Genehmigung der Zooleitung, auf dem Dach des Robben- und Flugschaugebäudes mitten im Zoo eine kleine Imkerei aufzubauen. Der Zootierpfleger hält dort fünf Völker, die zwei Rassen angehören: zum einen Buckfast, eine gelbliche, besonders robuste und gegen Milben resistente Bienenart; und zum anderen die Kärntner Biene, die besonders viel Honig gibt und mit ihrer bräunlichen Farbe heraussticht.

Die geringelten Insekten liefern Hölscher rund 30 Kilogramm Honig pro Volk und Jahr – die exakte Menge ist abhängig von Wettereinflüssen im Frühjahr und Sommer. Andreas Hölscher lässt den Bienen einen Teil ihres Honigs, damit sie gut durch den Winter kommen. »Läve un läve losse« eben, wie man es in Köln kennt! Er vertreibt die kölsche Honigspezialität im ZooShop. Probieren können Sie den Honig übrigens beim Bauernfrühstück auf dem Clemenshof. Ein purer Genuss für alle, die es lieben, sich und ihren Liebsten feinsten Honig ums Maul zu schmieren … Versuchen Sie ihn doch auch einmal.

41 Ideengeber Garthe

Der Oberlehrer und Zoogründer

Der Naturforscher und Lehrer Johann Caspar Garthe (1796–1876) war nicht nur der Ideengeber für die Errichtung des Kölner Zoos. Er ist auch aus anderen Gründen erwähnenswert. Garthe studierte Mathematik, Physik und Naturwissenschaften. 1817 wurde ihm die Doktorwürde in Philosophie zuteil. Der Protestant begann seine Schullaufbahn 1831 an der »Höheren Bürgerschule für den Nähr-, Handels- und Verkehrsstand« am Quatermarkt. Seine Religionszugehörigkeit verwehrte ihm das Amt des Schulleiters. Er wurde sogenannter Erster Oberlehrer und lehrte Physik und Chemie. Bekannt wurde er unter anderem, als er 1852 den Foucaultschen Pendelversuch im Kölner Dom wiederholte, der als direkter Beweis der Achsendrehung der Erde gilt.

Zu Garthes Zeit war Köln eine blühende Stadt, die von der industriellen Revolution profitierte. Der Maschinenbau, die chemische Industrie, die Banken und viele andere Branchen florierten. Köln hatte quasi alles, aber eben noch keinen Zoo. Bereits 1857 rief Garthe in der Kölnischen Zeitung zur Zoogründung auf. In einem Prospectus von 1858 wurde dazu ermuntert, dass wohlhabende Kölner einen »Centralpunkt des öffentlichen Vergnügens«, eben einen Zoo, errichten mögen. Garthe schaffte es, honorige Persönlichkeiten um sich zu scharen: Bankier Eduard von Oppenheim, Commerzienrat W. L. Deichmann, Oberbürgermeister Hermann Stupp und Regierungspräsident Eduard von Moeller, die ein Komitee zur Bildung eines Zoologischen Gartens bildeten. Sie gewannen Heinrich Bodinus als ersten Zoodirektor (siehe Kapitel 27) und feierten 1860 die Eröffnung des zoologischen Gartens.

Hartnäckig hält sich das Gerücht, dass immer wieder Kölner staunend vor der Büste Garthes stehen und sagen: »Ach, jez weiss ich ooch, warum dat de zoologische Gaarde heisst!«

Garthe bleibt durch die nach ihm benannte Straße in der Nähe des Zoos und ein Denkmal im Zoo unvergessen.

Dr GARTHE

42___Im und nach dem Krieg
Schwere Zeiten

Jeder kann sich vorstellen, wie schwer es ist, einen Zoo in Kriegs- und Nachkriegszeiten zu führen. Dr. Ludwig Wunderlich, der mit 40 Jahren übrigens die längste Amtszeit aller Kölner Zoodirektoren bekleidete, überstand den Ersten Weltkrieg und übergab 1928 an Dr. Friedrich Hauchecorne. Wunderlich stand mit dem Zoo die Weltwirtschaftskrise, einen Weltkrieg und starke Überschwemmungen durch. Dennoch konnte er das Zoogelände 1913 sogar erweitern. Es entstand die Felsberganlage, von der heute nur noch der Pavianfelsen erhalten ist. Ein Jahr später brach der Erste Weltkrieg aus. Selbst die Futterkosten waren in der Folge kaum noch zu stemmen. Die Rheinhochwasser in den Jahren 1920 und 1923 brachten erhebliche Bauschäden und Tierverluste mit sich.

Dem Zoo ging es 1932/33 so schlecht, dass Hauchecorne doch tatsächlich seinen Vorgänger fragte, ob er nicht auf einen Teil seiner Pensionszahlungen verzichten könne – Wunderlich stimmte übrigens zu.

Hauchecorne kam 1938 bei einem bis heute ungeklärten Jagdunfall ums Leben, und Dr. Werner Zahn übernahm den Posten. Wie schlimm es Köln im Zweiten Weltkrieg traf, ist hinlänglich bekannt. Der Kölner Zoo allein wies nach Ende des Krieges 133 Bombentrichter auf. Ende 1944 war die Zerstörung so groß, dass der Zoo für die Öffentlichkeit geschlossen werden musste.

Als der Krieg endlich vorbei war, lebten noch 23 Tiere: ein Flusspferd, ein Wasserbüffel, ein Yak, ein Mähnenschaf, zwei Zebras, ein Przewalski-Pferd, ein Island- und vier Shetlandponys, ein Maultier, zwei Zwergesel, ein Kamel, zwei Wildschweine, zwei Jaguare (sie waren nach Königsberg ausgelagert), ein Waschbär, ein Storch und ein Gelbhaubenkakadu.

Doch die Kölner bauten nicht nur ihre Stadt, sondern auch ihren geliebten zoologischen Garten wieder auf. Bereits zu Pfingsten 1947 öffnete er unter großer öffentlicher Anteilnahme wieder seine Tore.

43__Das Insektarium
Igittigitt!

Hier krabbelt's und kribbelt's. Und das nicht nur in den Terrarien mit ihren vielbeinigen Bewohnern. Auch bei so manchem Zoobesucher kribbelt es. In Form spürbarer Schauer, die ihm beim Anblick der Bewohner des Zoo-Insektariums über den Rücken laufen.

Die Abteilung ist ein Geheimtipp bei allen, die auch im Kleinen Großes sehen. Große Leistungen zum Beispiel. Schließlich kann die Schaffenskraft der Schar arbeitsteilig organisierter Blattschneiderameisen *(Acromyrmex spp.)*, die im Verbund in null Komma nix ganze Äste entlauben, gar nicht hoch genug eingeschätzt werden. Ihr Terrarium ist eines der größten im Kölner Insektarium. Räumlich noch großzügiger fällt nur das Freiflugfoyer für die Schmetterlinge aus. Im ersten begehbaren Schmetterlingsraum Deutschlands haben sich, zur Freude der Zoobesucher, bereits unzählige unscheinbare Raupen als exotischer Falter entpuppt.

Erstaunt ist auch, wer die Gottesanbeterinnen *(Mantis religiosa)* betrachtet. Zumindest, wenn er sie in ihrem Terrarium findet. Denn die Nachahmungskünstler verfügen über ein unfassbares Geschick, Blätter, Laub oder Zweige zu imitieren und mit ihrer Umgebung zu verschmelzen.

Dass auch Schaben komplexe Wesen mit vielen Fähigkeiten sind, wird am Schaukasten der Madagaskar-Fauchschaben *(Gromphadorhina portentosa)* klar. Sie sind nicht nur wieselflink, sondern auch laut. Das namensgebende Fauchen bei Balz- und Paarungszeremonien klingt im Ohr des Betrachters nach. Umso unverständlicher, dass diese Überlebenskünstler bei Shows im Privatfernsehen regelmäßig als »Ekel-Highlight« Z-Promis zum Fraß vorgesetzt werden.

Voll zur Geltung kommen die wunderlichen Bewohner des Kölner Insektariums Jahr für Jahr im November. Bei der »Langen Nacht im Aquarium« stehen sie zusammen mit Fischen und Reptilien im Mittelpunkt des Interesses. Und das völlig zu Recht – schließlich steckt im Kleinen viel Großes.

44 Der Inspektor

Ein Polizist im Zoo?

Derrick, Columbo und Barnaby: Der Begriff »Inspektor« ist eindeutig mit dem Fernsehkrimi verbunden. Wer allerdings denkt, dass es Inspektoren nur im TV gibt, irrt. Auch der Kölner Zoo beschäftigt einen. Der sucht zwar keine Diebe oder Mörder. Dafür ermittelt er aber die neuesten Strohpreise, die aktuellen Brandschutzrichtlinien, leitet den Bereich Arbeitssicherheit und kontrolliert, ob alle Werk- und Fahrzeuge in einwandfreiem Zustand sind. Zusätzlich koordiniert er die Dienst- und Urlaubspläne aller Tierpfleger. Die detektivische Kombinationsgabe muss also auch beim Zooinspektor einwandfrei vorhanden sein.

Im Kölner Zoo füllt Ulrich Riepe die Rolle des Inspektors seit fast 30 Jahren aus. Sein Tag startet mit der sogenannten Morgenrunde. Zusammen mit Zoodirektor Prof. Theo B. Pagel fährt der studierte Agraringenieur morgens die Reviere ab. Dabei schauen Zoodirektor und -inspektor im engen Austausch mit den dortigen Mitarbeitern, ob alles in Ordnung ist. Drückt mal der Schuh, dann werden schnell Lösungen gesucht. Bei den Giraffen war die letzte Heulieferung ungenügend? Neues Heu wird bestellt. Ein Tierpfleger im Urwaldhaus für Menschenaffen hat eine Erkältung? Der Dienstplan muss geändert werden, damit die für menschliche Viren empfänglichen Gorillas, Bonobos und Co. sich keinen Schnupfen einfangen.

Auch bei den Um- und Neubauprojekten im Kölner Zoo schaut der versierte Inspektor immer wieder nach dem Rechten. Er ist für die Versorgungsgebäude zuständig und muss darauf achten, dass beim Bau alle Vorgaben für den Arbeitsschutz beachtet werden. Zudem leitet er den Futterhof und ist dafür zuständig, dass Okapi, Bonobo, Schildkröte und Piranha immer genug zum Kauen haben. Ja, so ein Zooinspektoren-Leben hat viele Handlungsstränge und ist spannend. Spannender sogar, als so manche Wiederholung der Krimis mit Derrick, Columbo und Barnaby.

45 Die Kamele
Ene Besoch em Zoo

Kamele gehören zur Ordnung der Paarhufer (Artiodactyla) und zur Unterordnung der Schwielensohler (Tylopoda). Man unterscheidet dann die Altweltkamele – Dromedar *(Camelus dromedarius)* und Trampeltier *(Camelus ferus)* – und die Neuweltkamele – mit den Gattungen Lama *(Lama)* und Vikunja *(Vicugna)*. Kamele spielen im Kölner Zoo eine besondere Rolle, denn Hans Rudolf Knipp (1946–2011), ein bekannter kölscher Komponist und Dichter, hat unter seinen mehr als 850 Liedern, wie »Mer losse d'r Dom en Kölle« oder »Mir schenke dä Ahl e paar Blömcher«, ein ganz besonderes sich einfallen lassen, in dem es um den Kölner Zoo geht: »Ene Besuch im Zoo«. Für uns das schönste Karnevalslied überhaupt!

Es beginnt mit: »Ene Besuch im Zoo, oh, oh, oh, oh, nä wat es dat schön, nä, wat es dat schön. Ene Besuch im Zoo, oh, oh, oh, oh, dat es esu schön, dat es wunderschön!« Bereits in der zweiten Strophe heißt es dann: »Wenn de rin küss, siehste die Kamele: nä, wat sin die gross, nä, wat sin die gross. Un die Pukkele op ihrem Rögge, die sin esu gross, die sin unwahrscheinlich gross!«

Und genau so, wie Knipp es beschreibt, waren die Kamele immer schon im Eingangsbereich beheimatet und zu sehen. Nur am Rande sei erwähnt, dass Knipp bereits 1969 auf einen »Schwerpunkt« der Haltung bedrohter Dickhäuter aufmerksam machte, denn in der vierten Strophe heißt es: »Wigger durch, do sin die Elefante. Nä, wat sin die deck, nä, wat sin die deck. Un beluhr mer dänne ens ihr Quante, die sin esu deck, die sin unwahrscheinlich deck!«

Im Kölner Zoo halten wir seit Langem nur noch Trampeltiere, die mit den zwei Höckern »op dem Rügge«. Genauer gesagt, die domestizierte Form. Die Hengste sind bis zu 700 Kilogramm schwer. Der Name »Schwielensohler« stammt daher, dass ihre Zehen auf einem elastischen Polster aus Bindegewebe sitzen, mit anderen Worten auf einer schwielenartigen Sohle. Kamele laufen im Vergleich zu Pferden quasi auf leisen Sohlen.

46__Kampagnen für die Tiere
Silent Forest

Der Europäische Zooverband (EAZA) führt seit dem Jahr 2000 Kampagnen für bestimmte Themen durch. Ziel ist es einerseits, die Aufmerksamkeit der Öffentlichkeit zu wecken, indem wir unsere Besucher und die Medien informieren und sensibilisieren, und zum anderen, Gelder zu sammeln. Dies funktioniert gut. Wir haben festgestellt, dass es leichter ist, mit charismatischen Arten, wie Tiger und Nashorn, und emotionalen Themen, wie beispielsweise »Bushmeat« Unterstützung zu bekommen, als für Schildkröten. Im Rahmen der »Bushmeat-Kampagne« gelang es, fast zwei Millionen Unterschriften zu sammeln, die wir dem Europäischen Parlament übergeben konnten. Im Rahmen der Kampagnen wurden Hunderttausende Euro allein für Naturschutzprojekte und insgesamt mehrere Millionen Euro gesammelt. Jede Kampagne hat ein Gremium, das ihr vorsteht und ausgesuchte Projekte unterstützt.

Die derzeitige Kampagne der EAZA heißt »Silent Forest« und wurde 2017 ins Leben gerufen. Sie wird zusammen mit »Traffic«, einer Organisation zur Überwachung des Wildtierhandels, durchgeführt. Es geht darum, bedrohte asiatische Singvögel vor der Ausrottung zu bewahren. Zudem soll die Öffentlichkeit auf die verheerenden Auswirkungen des illegalen Handels mit Singvögeln in Südostasien aufmerksam gemacht werden. Das anvisierte Ziel wurde übertroffen und mehr als 500.000 Euro gesammelt, die Erhaltungsmaßnahmen vor Ort zugutekommen sollen. Zu den schutzbedürftigen Vögeln gehört der Balistar (siehe Kapitel 7). Man muss wissen, dass es in der südostasiatischen Kultur üblich ist, einen Singvogel zu besitzen. Der zunehmende Wohlstand in diesen Ländern führt dazu, dass für seltene Singvögel auf den Märkten immer höhere Preise gezahlt und deswegen immer mehr Vögel gefangen werden. Wir wollen keine Traditionen abschaffen, aber zu den Zielen der Kampagne gehört, dass nur noch in Menschenhand nachgezüchtete Vögel gehalten werden.

Das Schweigen
der Wälder

Tausende Singvögel werden jedes Jahr
in Asiens Wäldern gefangen.

47 Der kaufmännische Direktor

Der Morgenmacher

Neun Direktoren führten den Kölner Zoo zwischen 1860 und 2007. Und zwar allein. Wachstum, Größe, Aufgabenbreite und Bedeutung des Zoos sorgten jedoch dafür, dass 2007 erstmals ein Duo in den Zoo-Vorstand berufen wurde: Prof. Theo B. Pagel, zuständig für alles Biologische, und Christopher Landsberg, der das Kaufmännische verantwortet.

Landsberg, bereits seit dem Jahr 2000 als Prokurist der »Herr der Zahlen«, hat den Zoo in den vergangenen Jahren stark geprägt. Der Jurist trieb ehrgeizige Vorhaben voran, die dem Zoo ein neues und zeitgemäßes Gesicht verliehen. Darunter der Hippodom (2010), der Clemenshof (2014) sowie das Restaurant und der ZooShop (2014). Mit dem Südamerikahaus und der Tigeranlage stehen bereits die nächsten großen Bauvorhaben vor der Vollendung. Gastronomie und Shop betreibt der Zoo seit 2004 unter Landsbergs Führung in Eigenregie. Die Gewinne fließen den zahlreichen Natur- und Artenschutzprojekten des Kölner Zoos zu, die Landsberg sehr am Herzen liegen.

Seine Arbeit beschränkt sich nicht nur auf das Zoogelände. Christopher Landsberg pflegt die guten Beziehungen zu den politischen Köpfen auf kommunaler Ebene und hat als Innovator und »Morgenmacher« eine Vielzahl von Veranstaltungen wie das China Light Festival oder die Halloween-Nacht erfolgreich ins Leben gerufen.

Sein größter Coup: Jahrelang hielt er Kontakt zur US-Amerikanerin Elisabeth Reichert. Die gebürtige Kölnerin, die mit ihrem jüdischen Mann nach Amerika emigrierte, vermachte dem Zoo daraufhin mehr als 24 Millionen US-Dollar. Ein Batzen Geld, der in die Bauvorhaben sowie in die Natur- und Artenschutzprojekte des Zoos fließt. Auch privat lassen ihn die Tiere nicht los. Im Bergischen Land unterhält Christopher Landsberg eine eigene kleine Rinderzucht – die perfekte Entspannung von den Aufgaben im Zoo.

48__Das kleinste Tier
Und der Goldene Löwe

Als die kleinste im Kölner Zoo gehaltene und gezüchtete Tierart seien hier die Blattschneiderameisen aufgeführt. Sie und ihr munteres Treiben sind bei uns wunderbar von allen Seiten in einem großen Glasterrarium im Insektarium zu beobachten. Die Blattschneiderameisen gehören innerhalb der Familie der Ameisen (Formicidae) zur Unterfamilie der Knotenameisen (Myrmicinae). Wir kennen zwei Gattungen: *Atta* und *Acromyrmex*, von denen wir die erstgenannte halten. Die Heimat dieser kleinen Tierchen sind die Tropen und Subtropen Amerikas, von Louisiana bis nach Patagonien. Sie zeichnen sich dadurch aus, dass sie mit ihren Mundwerkzeugen Pflanzenblätter in kleine Stückchen zerteilen und in ihren Bau transportieren. Die Ameisen fressen die Blätter allerdings nicht selbst, sondern zerkauen und nutzen sie als Substrat, auf dem sie einen Pilz aus der Gattung der Egerlingsschirmlinge *(Leucoagaricus)* anbauen. Er ist es, von dem sich die Ameisen ernähren. Sie sind also gewissermaßen »kleine Landwirte«.

Übrigens: Eine Blattschneiderameisenkönigin kann bis zu 150 Millionen Arbeiterinnen zur Welt bringen! Das Nest selbst ist weit verzweigt und enthält neben den Kammern für die Pilzgärten auch Abfallkammern. Dort werden unter anderem tote Ameisen, Blätter und abgestorbenes Pilzgeflecht im wahrsten Sinne des Wortes entsorgt.

Die etwa 500.000 Blattschneiderameisen des Kölner Zoos sorgten 2013 für Furore. Auf dem weltweit wichtigsten Werbefestival in Cannes gewannen sie nämlich den Goldenen Löwen. Sie spielten in einem Spot der Agentur BBDO Proximity mit, in dem sie gegen die Abholzung des Regenwaldes demonstrierten. Die Protestparolen wurden von unseren Ameisen auf dem Rücken transportiert, denn sie waren in echte Blätter gelasert worden. Mit dieser »Ameisenrallye« wurden unsere Besucher wachgerüttelt – durch Aufrufe wie »Help!« oder »Save the Tree!«.

49__Kunst im Zoo
Pallenberg & Co.

Zoologische Gärten sind kulturelle Einrichtungen, die für Tiere und Menschen gleichermaßen wichtig sind. Demzufolge ist es auch nicht verwunderlich, dass im Kölner Zoo über die Jahrzehnte viele Künstler aktiv waren.

Zu den Künstlern, die den Kölner Zoo immer wieder aufgesucht haben, gehört Wilhelm Leibl (1844–1900), der ein Faible für Löwen hatte. Viele Abbildungen für das »Illustrierte Tierleben« von Alfred Brehm entstanden im Kölner Zoo: Der Leipziger Tiermaler Robert Kretschmer (1818–1872) zeichnete bei uns unter anderem Affen. Auch der Berliner Gustav Mützel (1839–1893) war für Brehm in Köln tätig.

Josef Pallenberg (1882–1946), ein Tierplastiker von höchster Güte, war regelmäßiger Gast. Mit Ton und Modellierhölzern arbeitete er im Zoo. Er hatte zeitweise eine »originelle Bretterwohnung« auf dem Zoogelände – sein Atelier. Noch heute haben wir das Pavian-Relief und eine Orang-Utan-Büste von Pallenberg. Viele seiner Plastiken sind im Naturkundemuseum des Schlosses Benrath zu sehen.

1911, so die Berichte, tauchte ein anderer junger Künstler im Zoo auf: August Macke (1887–1914). Wie Pallenberg ist Macke »'ne kölsche Jung«. Bekannt ist neben anderen Arbeiten »Im Zoologischen Garten«, eine Tuschezeichnung Mackes aus dem Jahr 1912.

Zum 75-jährigen Jubiläum gab es eine Kunstausstellung im Zoorestaurant. Zu sehen war dort neben anderen Kunstwerken der Holzschnitt »Ameisenbär« von Severin Düx. Ein anderer Künstler und Plastiker war Hein Derichsweiler (1897–1972). Er modellierte den bekannten Schimpansen Petermann (siehe Kapitel 69). Die Plastik »Diana mit Panther« von Fritz Behn (1878–1970) steht noch heute vor dem alten Elefantenhaus. Endlos ließe sich die Liste weiterführen, aber diese Seite ist endlich, und deshalb seien Gerhard Marcks (1889–1981) und der bekannte Kölner Fotograf Chargesheimer (Karl Heinz Hargesheimer, 1924–1971/72) nur noch genannt.

50 Der Kurator

Der Kümmerer

Das Wort »Kurator« stammt vom lateinischen Wort *curator* (»Pfleger«) beziehungsweise von *curare* (»Sorge tragen«). Das verwandte Wort Kuratorium (ein Kurator ist das Mitglied eines Kuratoriums) kann eine Aufsichtsbehörde oder einen Stiftungsrat bezeichnen. Die Kuratoren in einem zoologischen Garten (oder in einem Museum) kümmern sich um einen bestimmten Bereich, im Zoo normalerweise um bestimmte Tiergruppen. Bei uns sind die Kuratorien tiergruppenübergreifend auf verschiedene Reviere aufgeteilt. Zwar ist jeder Kurator im Kölner Zoo Spezialist für eine bestimmte Tiergruppe, wie Reptilien, Vögel oder Raubtiere, aber da viele Reviere auch andere Tiere beherbergen, arbeiten sie breiter gefächert und flexibler.

Als Prof. Pagel selbst noch als Kurator tätig war, fragte ihn ein Kind, ob er wohl der Zoodirektorengehilfe sei. Und genau das ist der Kurator. Ein »Kümmerer«, der für die ihm anvertrauten Tiere sorgt. Er bestimmt, wie sie zu halten sind und wie sie versorgt werden sollen. Er organisiert die Transporte von Tieren und unterweist die zuständigen Zootierpfleger entsprechend.

Die Kuratoren des Kölner Zoos sind allesamt ausgewiesene Fachleute mit Biologiestudium. Einmal in der Woche gehen sie mit dem Zoodirektor auf Morgenrunde. Täglich geht es in die Reviere. Alle führen verschiedene Erhaltungszuchtprogramme, schreiben Fachartikel und arbeiten zudem im Europäischen Zooverband (EAZA) in unterschiedlichen Gremien mit. Dies kann ein Zuchtbuch, eine Artkommission oder der Vorsitz einer Taxon-Gruppe sein. Somit gestalten sie auch international und wissenschaftlich fundiert die Tierhaltung bestmöglich.

Im Zoo arbeiten sie mehr am Tier als der Zoodirektor, sie legen mitunter noch selbst Hand an – weshalb jener diese meist ein wenig beneidet. Im Freiland sind unsere Kuratoren in der Biodiversitätsforschung, bei der Schwarzfußkatze oder für das Przewalski-Pferd, aktiv (siehe Kapitel 12, 73, 106).

51 __ Die Letzten ihrer Art

Wie geht es weiter?

Die Weltnaturschutzunion (IUCN) unterscheidet zwischen acht Gefährdungskategorien, darunter »In freier Wildbahn ausgestorben« (»Extinct in the Wild«). Eine solche Art ist die Socorrotaube *(Zenaida graysoni)*, auch Graysontaube genannt. Es ist eine endemische Art, die ausschließlich auf der vor der westmexikanischen Küste gelegenen Pazifikinsel Socorro heimisch war. Nachdem auf der Insel eine Militärbasis eingerichtet worden war, wurde der Bestand in den 1960er Jahren durch eingeschleppte Katzen und Ziegen stark dezimiert. Zuletzt wurde 1972 ein Vogel im Freiland gesichtet. In den 1990er Jahren starteten die zoologischen Gärten auf Initiative Kölns mit privaten Züchtern ein Erhaltungszuchtprojekt, das mittlerweile vom Zoo Frankfurt gemanagt wird. Die rund 25 Zentimeter große, rötlich bis zimtbraun gefärbte Taube teilt das Schicksal vieler Arten: Kaum ein Mensch interessiert sich für sie.

Der Kölner Zoo hegt und pflegt mehrere bedrohte und zugleich relativ unscheinbare Arten. Hier seien ein paar in der Natur stark gefährdete Arten genannt, wie der Große Bambuslemur *(Prolemur simus)*, von dem es im Freiland keine 1.000 Tiere mehr gibt, oder der Vietnamesische Krokodilmolch *(Tylotriton vietnamensis)*, den wir züchten und zur Wiederaussiedelung bereitstellen. Oder denken wir an den Onager *(Equus hemionus onager)*, einen asiatischen Wildesel, von dem es im Freiland wohl keine 800 Exemplare mehr gibt. Diese und andere Arten werden in Europa durch Zuchtprogramme (siehe Kapitel 25) erhalten.

Schauen wir auf einen bekannteren Vertreter, das Spitzmaulnashorn *(Diceros bicornis)*, dann wird uns schnell bewusst, was derzeit auf dieser Erde passiert. Mitte des 20. Jahrhunderts gab es noch rund 850.000 Tiere, heute nicht einmal 5.000. Schlimmer noch, sie könnten noch zu unseren Lebzeiten von diesem Planeten verschwinden, wenn wir die Wilderei und den Habitatverlust nicht stoppen. Es ist für viele fünf vor zwölf.

52___Das Logo
Ist doch (zoo)logisch

Ein Logo ist ein grafisches Zeichen. Es steht in der Regel für eine Organisation, ein Unternehmen oder ein Produkt. Der Kölner Zoo selbst hatte über die zurückliegenden 160 Jahre verschiedene Logos. Waren es einmal Pinguine und dann lange die Schwarzweißen Varis *(Varecia variegata)*, eine Lemurenart, so bekam unser Zoo im Jahr 2007 ein neues Logo. Gesucht wurde nach einem Logo, das prägnant ist, vielfältig nutzbar und zudem Lokalcharakter hat. Beauftragt wurde damals die Essener Agentur Design Ahead – und das Ergebnis kann sich sehen lassen!

Das neue Logo ist die Silhouette eines Elefanten. Damit wurde ein Schwerpunkt der Tierhaltung in den Mittelpunkt gerückt. Den Freiraum zwischen Vorder- und Hinterbeinen füllt ein Nashorn aus, das für Abenteuer steht. Die leicht angepasste Lücke zwischen Körper und Kopf des Elefanten wird von einer Giraffe eingenommen. Sie steht für Weitsicht und Überblick, den die so große Giraffe fraglos hat. Das Wahrzeichen der Stadt, der Kölner Dom, verschwand 2002 aus dem Logo der Messe, 2007 bauten wir ihn zwischen den Hinterbeinen unseres Elefanten ein und drücken damit unsere Verbundenheit zu unserer Stadt aus. Das Auge des Elefanten ist sternförmig – ein Bezug auf den Weihnachtsstern und damit auf die Reliquien der Heiligen Drei Könige, die im Kölner Dom lagern. Wie den Weisen aus dem Morgenland soll uns dieser Stern den richtigen Weg zeigen.

Zudem sprechen wir seither nicht mehr vom Zoo Köln, sondern vielmehr vom Kölner Zoo. Dies ist der Umgangssprache geschuldet, denn keiner sagt, wir fahren in den Zoo Köln, sondern in den Kölner Zoo. Zudem unterstreicht es die Verbundenheit mit der Stadt und der Region.

Das neue Logo kann man in Positiv- als auch in Negativform verwenden und farblich vielfältig unterlegen. Zudem wurde eine Farbsprache, ein neues Corporate Design, entwickelt. Der Kölner Zoo wurde zur Marke.

53 Madagaskar

Fünf vor zwölf!

Madagaskar liegt vor der Ostküste Afrikas. Auf der 587.295 Quadratkilometer großen Insel leben mittlerweile über 26 Millionen Menschen. Leider ist mit der drastischen Bevölkerungszunahme ein dramatischer Lebensraumschwund, insbesondere ein Rückgang der tropischen Wälder, einhergegangen. Für viele Tierarten ist es dort bereits »fünf vor zwölf«.

Der Kölner Zoo hat eine lange und erfolgreiche Tradition in der Haltung madagassischer Tierarten. Aufgeführt seien hier nur der Ringelschwanzmungo *(Galidia elegans)*, der Große Bambuslemur *(Prolemur simus)* und der Rote Vari *(Varecia rubra)*. Wir sind aktiv für den Schutz der Tiere auf Madagaskar tätig, schon lange in der Association Européenne pour l'Étude et la Conservation des Lémuriens (AEECL) und seit einigen Jahren auch als Mitglied der Madagaskar Fauna und Flora Group (MFG). In diesem Konsortium wirken renommierte zoologische Gärten, botanische Gärten, Repräsentanten der madagassischen Regierung sowie ortsansässige NGOs mit.

Ihren Sitz hat die MFG in Toamasina , der zweitgrößten Stadt Madagaskars. Zudem gehört der Parc Zoologique de Ivoloina zu unseren Projekten. In diesem rund vier Hektar großen Zoo wird ein umfangreiches Bildungsangebot für die einheimische Bevölkerung angeboten. Schulklassen und andere Interessierte werden in die Tierwelt Madagaskars eingeführt – sie ist, ob der zahlreichen endemischen Arten, die es nirgends anders auf der Welt gibt, sehr außergewöhnlich. Das Ivoloina Conservation Training Center ermöglicht Studenten und angehenden Wissenschaftlern zudem praktische Erfahrungen in der Naturschutzarbeit.

Durch unsere Bemühungen ist es gelungen, Nachzuchten des Schwarzweißen Varis *(Varecia variegata)* in Betampona auszuwildern und den Bestand deutlich zu vergrößern.

Wir werden uns zukünftig noch mehr um die von einem Chytridpilz bedrohten Amphibien und um seltene Fische kümmern.

54 Die Madagaskarente

What a boring duck!

Die Madagaskarente *(Anas melleri)* gehört zu den sogenannten Schwimmenten. Wie ihr Name schon vermuten lässt, stammt sie aus Madagaskar und ist endemisch. Um 1850 wurde sie auf der benachbarten Insel Mauritius eingebürgert. Sie gehört, wie die Madagaskar-Moorente *(Aythya innotata)*, zu den am stärksten bedrohten Entenvögeln der Welt. Der Weltbestand der Madagaskarente wird derzeit auf 2.000 bis 5.000 Stück geschätzt. Der wissenschaftliche und der englische Name – Meller's Duck – gehen auf den Naturforscher Charles James Meller (1836–1869) zurück.

Was aber soll die Überschrift »What a boring duck!« bedeuten? Ganz einfach: Diese Worte standen auf dem Gehegeschild im Zoo von Jersey, als Prof. Pagel die Ente zum ersten Mal sah. »Was für eine langweilige Ente!« – das machte diese doch eher unscheinbar gefärbte Ente, sie ähnelt einer weiblichen Stockente *(Anas platyrhynchos)*, gleich interessant. Auch hier gilt: Marketing ist alles. Kaum ein Mensch wird sich für eine »langweilige« bräunliche Ente und ihren Erhalt einsetzen wollen; wenn man jedoch weiß, wie bedroht sie ist, dann sieht es gleich anders aus.

Der Durrell Wildlife Trust auf Jersey war es, der 1993 für die Art ein Zuchtprojekt initiierte, und der Kölner Zoo war einer der ersten auf dem Festland, der dem Zuchtprogramm beitrat. Wir erhielten zwei Paare, und bereits 1998 gelang uns erstmals die Zucht der Madagaskarente.

Der Bestand in der Natur ist rückläufig. Woran liegt das? Es sind verschiedene Faktoren, die dazu beitragen. Zum einen ist die Bejagung durch den Menschen zu nennen. Aber vor allen Dingen sind es der Lebensraumschwund und die zunehmende Umweltverschmutzung auf Madagaskar, die ihr zu schaffen machen. Zudem sind sie nah mit den Hausenten verwandt, und es kommt immer wieder zur Vermischung reinerbiger Madagaskarenten mit Hausenten – die Art »mendelt« sich quasi selbst aus.

55__Marketing

Wozu das denn?

Flusspferde und Löwen bestaunen, Erdmännchen und Elefanten beobachten: Der Kölner Zoo bietet Erlebnisse, auf die er im städtischen Raum und in der Region ein Alleinstellungsmerkmal besitzt. Besucherströme an den Kassen – ein reiner Selbstläufer, oder? Warum also mit Pressetexten und Plakaten, Radio- und TV-Spots die Werbetrommel rühren? Nun, auch ein Zoo hat Konkurrenz. Die Menschheit ist mobil geworden. Andere Zoos mit ihren spannenden Angeboten sind schnell erreicht. Da gilt es, mit News und Kampagnen, Social-Media-Beiträgen und PR-Ideen präsent zu bleiben.

Auch das Angebot an Attraktionen, mit denen sich Kids, Eltern und Großeltern beschäftigen können, wächst. Längst vorbei sind die Zeiten, als das Kinderprogramm sonntags um 16 Uhr startete. Und lang ist es her, als die Hände und Köpfe der Menschen noch frei von der dauerberieselnden Wirkung des Smartphones waren. Mit wachsendem Wohlstand erweiterte sich natürlich das Freizeitangebot – und damit die Notwendigkeit, Werbung in eigener Sache zu machen.

In Köln werkeln vier Angestellte an Media- und Budgetplanung, schlagen dem Vorstand Kampagnen und Konzepte vor, entwickeln Plakate und Pressetexte. Auch in anderen Zoos ist das so. Sie tragen damit ein kleines bisschen bei zum Erfolg aller Zoos. Mehr als 40 Millionen Menschen besuchen jährlich die zoologischen Einrichtungen in Deutschland, Österreich und der Schweiz. Eine Abstimmung mit den Füßen sozusagen, deren Ergebnis die jährlichen Besuchszahlen der Fußballfans in den Bundesligastadien locker übertrifft.

Apropos Fans: Nicht jeder ist ein leidenschaftlicher Anhänger von Zoos. Mancher rührt aktiv die Werbetrommel gegen die Haltung von Tieren in Menschenhand. Ihnen Informationen und Aufklärungsmaterial zur Arbeit der Zoos für Erholung, Bildung, Forschung und Artenschutz an die Hand zu geben, ist wichtig. Nach dem Motto: »Tue Gutes und sprich darüber!« Denn zoologische Gärten sind wichtiger denn je.

56__Marlar

Erster Elefantennachwuchs in Köln

Der erste Elefantennachwuchs im Kölner Zoo kam am 30. März 2006 gegen 8:15 Uhr zur Welt. Der Name des kölschen Elefanten ist Marlar. Zoodirektor Prof. Dr. Gunther Nogge hatte im August des Jahres zuvor dafür geworben, die Menschen sollten zur Sommernacht kommen, möglichweise könne man einer Elefantengeburt beiwohnen. Aber man hatte sich im wahrsten Sinne des Wortes verrechnet, war vom falschen Deckdatum ausgegangen. Elefanten haben nicht nur die längste Tragzeit unter den Landsäugetieren, sondern sie variiert auch zwischen 20 und 24 Monaten. Monatelang hatten Zoomitarbeiter Nachtwache gehalten, denn es galt, alles richtig zu machen. An besagtem 30. März hatten sie wieder ausgeharrt. Direktor Prof. Nogge sagte dann morgens, als alle dachten, die Geburt dauere doch noch: »Lassen Sie uns auf die Morgenrunde fahren!« Kaum waren sie fort, kam Marlar zur nach Welt. Hätten sie doch nur etwas mehr Geduld gezeigt.

Am 19. April, 20 Tage nach ihrer Geburt, durfte Marlar erstmals in die Freianlage. Der Andrang der Medien und Besucher, die das kleine, niedliche Rüsseltier sehen wollten, war riesig. Es ging so dramatisch weiter, wie es begonnen hatte, denn das Muttertier Khaing Lwin Htoo musste im Dezember 2006 aufgrund eines unheilbaren Gebärmutter- und Blasenvorfalls leider eingeschläfert werden. Das hatte sich abgezeichnet, und wir konnten Marlar im Vorfeld beibringen, Milch aus einem Eimer zu sich zu nehmen. Es gelang daher relativ problemlos, Marlar ohne Mutter, aber in der Herde aufzuziehen. Marlar wurde 2013 erstmals trächtig. Gedeckt wurde sie von unserem jüngeren Zuchtbullen Sang Raja. Im Herbst 2014 erkrankten unsere Elefanten an Kuhpocken, und Marlar verlor ihr Jungtier. Erfreulicherweise wurde sie schnell wieder trächtig und gebar im März 2017, elf Jahre nach ihrer eigenen Geburt, das Bullenkalb Moma, für den das ARD-Morgenmagazin die Patenschaft übernommen hat. Der Vater war erneut Sang Raja.

57__Der Masterplan

Gut zu wissen, wohin man reitet

Den Begriff Masterplan kennen Sie vermutlich aus der Stadtplanung. Sicher haben Sie schon davon gehört, dass die Stadt Köln seit 2009 über einen städtebaulichen »Masterplan Innenstadt« für ihre zukünftige Entwicklung verfügt. Er wurde von dem Frankfurter Büro Albert Speer + Partner entwickelt.

Auch zoologische Gärten entwickeln Masterpläne. Bereits 1957 hatte der Kölner Zoo den sogenannten »Idealplan«. Er enthielt viele Vorhaben, die letztlich – aber dann doch ganz anders als damals geplant – umgesetzt wurden, zum Beispiel das Menschenaffenhaus. Im Jahr 2010, zu unserem 150-jährigen Jubiläum, entwickelten wir den Masterplan »Kölner Zoo 2020 – Begeistert für Tiere« und begannen 2019 mit der Überarbeitung. Zum 160-jährigen Jubiläum gibt es eine neue Version »Kölner Zoo 2030 – Begeistert für Tiere«. In einem Westernfilm hat Prof. Pagel als Junge einmal den Spruch gehört »Gut zu wissen, wohin man reitet«. In der Tat gilt dies für vieles im Leben: wissen, was gut für einen ist, was man möchte, was man besser lässt. Für den Kölner Zoo ist es gut zu wissen, wohin die Zukunft führen soll. Masterpläne sind daher visionär und zukunftsweisend.

Wurden wir beim Masterplan 2020 von dem Düsseldorfer Büro FSWLA Landschaftsarchitektur begleitet, arbeiten wir jetzt mit ZooQuariumDesign aus Hamburg zusammen am Masterplan 2030.

Der letzte Masterplan hätte ein Investitionsvolumen von rund 100 Millionen Euro mit sich gebracht. Eine Reihe der damaligen Ziele sind bereits umgesetzt: der Hippodom, der Clemenshof (unser Bergischer Bauernhof), die Bantenganlage, der Spielplatz und andere. Was uns auszeichnet und was wir auf jeden Fall bewahren wollen, das sind unsere alten, denkmalgeschützten Gebäude und der Parkcharakter. Andere Stärken, wie die »Nähe zum Tier« und unser Informations- und Leitsystem sowie die Haltung und Zucht seltener Tierarten, gilt es auszubauen.

Masterplan KÖLNER ZOO 2020 - BEGEISTERT FÜR TIERE

AG Zoologischer Garten Köln

58　Die Mistentsorgung

Wohin mit dem Scheiß?

Wer aufmerksam durch den Zoo geht, wird hier und da in den Tieranlagen Kot oder die auf dem gesamten Gelände verteilten Mistplatten sehen. Da kann man sich schnell die Frage stellen: Was macht der Zoo eigentlich damit? »Wohin mit dem Scheiß?«

Die Frage ist leicht zu beantworten: Wir arbeiten erfolgreich mit einem Landwirt zusammen. Er verfügt über die heute notwendigen Genehmigungen und beachtet alle Auflagen. Zudem hat dieser Bauer einen eigenen landwirtschaftlichen Betrieb und entsprechende Maschinen. Zweimal in der Woche holt er unseren Mist ab. Teilweise wird der Mist schon in Containern gesammelt oder aber von den Mistplatten aus entsprechend beladen.

Der große Vorteil ist, dass wir mit dieser Lösung sowohl ökologisch als auch ökonomisch nur Vorteile haben. Es entstehen zum Beispiel keine Leerfahrten. Der Bauer bringt auf dem Hinweg Heu, Stroh oder Rüben mit und nimmt auf dem Rückweg unseren Mist mit, den er dann entsprechend aufbereitet und verwertet – ein Paradebeispiel für Nachhaltigkeit. Erst vor Kurzem haben wir dieses Modell infrage und auf die Probe gestellt. Wir haben andere Landwirte und sogar die Müllverbrennung angefragt, sind aber letztlich bei unserem bewährten Landwirt geblieben.

Alle Jahre wird von außen – meist immer von Mitgliedern einer bestimmten politischen Partei – die Frage an uns gestellt, weshalb wir keine Biogasanlage betreiben, wir hätten doch genug Mist. Das wurde mehrfach geprüft, und bisher mussten wir stets antworten, dass es sich erstens nicht rechnet und wir zweitens mitten in einem Wohngebiet liegen.

Regelmäßig erhalten wir übrigens von Kleingärtnern die Anfrage, ob sie etwas von unserem Elefantenkot für ihren privaten Rosengarten haben können. Gelegentlich gehen ein oder zwei Kotballen in andere Hände über, was bei rund 100 Kilogramm Kot pro Tag und Elefant nun wirklich kein Problem ist.

59__Mitten in Köln
Gute Nachbarschaft

1860, zur Zeit der Zoogründung, lag der Kölner Zoo weit vor den Toren der Stadt. Kohl, im Kölschen Kappes genannt, wuchs dort, wo heute Bambus sprießt und Bisons grasen. Im Laufe der Zeit ist die Stadt um den Zoo gewachsen. Sie hat ihn quasi in ihr Herz geschlossen. Und das so sehr, dass er heute mitten in Köln liegt. Das hat, wie alles im Leben, Vor- und Nachteile. Schnell ist man mit dem öffentlichen Personennahverkehr am Riehler Eingangstor. Mitunter länger dauert dagegen am Wochenende die Parkplatzsuche. Räumlich eingeschränkt sind auch Neubauprojekte auf dem Zoogelände. Platz für weitere Expansionen, wie letztmals in der Nachkriegszeit geschehen, ist schlicht nicht vorhanden. Kommt eine neue Tieranlage, muss eine alte weichen.

Die Kölschen sind also buchstäblich »eng« mit ihrem Zoo – und in der Regel liberal. Kleine Geruchsbelästigungen im Hochsommer, wenn Dung und Mist vielleicht zu müffeln anfangen, werden in der Regel genauso akzeptiert wie die Laute von Elefant, Pavian und Co. Die Anwohnerin, die im Frühjahr 2018 die Kalifornischen Seelöwen wegen nächtlicher Ruhestörung bei der Bezirksregierung angezeigt hat, blieb eine Ausnahme.

Der Zoo setzt auf gute Nachbarschaft. Und gute Nachbarn helfen sich. Einem Anwohner, der ein Klavier in sein Wohnzimmer wuchten musste, halfen die Mitarbeiter der Zoogärtnerei kurzerhand mit dem für Baumarbeiten gemieteten Kran aus. Im Gegenzug haben die Anwohner rund um die Uhr ein wachsames Auge auf »ihren Zoo« und geben vom Hochhaus- oder Altbaubalkon schon mal durch, wenn es in der Elefantenherde etwas munterer zugeht oder das Treiben auf Pavian- und Seelöwenfelsen zu bunt ausfällt. Einmal im Jahr lädt der Zoo alle direkten Anwohner als Dank für die gute Nachbarschaft und das »tierisch« schöne Zusammenleben zum China Light Festival ein. Frei nach dem Motto: »Jünne und jünne künne, läve und läve losse.«

60_ Die Mobiltelefone

Für den Schutz der Affen im Kongo

Handys und Menschenaffen – das ist eine ganz besondere Geschichte. Im Urwaldhaus des Kölner Zoos sind die Besucher aufgefordert, ihre Mobiltelefone nur sparsam einzusetzen. Selfie-Sticks sind gänzlich verboten. Der Grund: Silberrücken und Co. können sich in den Linsen der aufdringlichen Kameras spiegeln – und denken, ein neuer, unbekannter Menschenaffe wilderte in ihrem Revier. Das zeigt einmal mehr, wie schlau und aufnahmefähig diese Tiere sind.

Doch Handys können auch Gutes für Menschenaffen bewirken. Das beweist die seit vielen Jahren erfolgreiche »Handys für Gorillas und Bonobos«-Aktion des Kölner Zoos. Die Mitarbeiter am Besucherservice nehmen alte, ausgediente Mobiltelefone entgegen. Sie geben sie an spezielle Recyclingunternehmen, die unter anderem das in den Akkus enthaltene Erz Coltan zurückgewinnen. Dies wirkt der Ausbreitung der Coltan-Minen im Bergland des Kongos – dem Lebensraum von Gorillas und Bonobos – entgegen. Zugleich erhält der Zoo für die Handys eine Gutschrift, die Gorilla- und Bonobo-Schutzprojekten zugutekommt. Das ist wichtig, denn durch den Handyboom breiten sich die Minen immer weiter aus und zerstören wichtige Lebensräume der Menschenaffen.

Seit Beginn der Handyaktion im Frühjahr 2009 hat der Kölner Zoo mehr als 35.000 Althandys zum Schutz der Gorillas und Bonobos gesammelt. Eine stolze Zahl, wie wir finden. Ermöglicht wurde das durch viele Privatleute, Stammbesucher und Umweltfreunde aus der Region. Hinzu kommen gemeinsame Sammelaktionen in Schulklassen, Kirchengemeinden, Sportvereinen und Unternehmen aus Köln und der Region.

Coltan wird in immer größerem Stil abgebaut – zum Leidwesen der afrikanischen Menschenaffen. Der Kölner Zoo setzt seine Handy-Sammelaktion natürlich fort und freut sich über jedes abgegebene Mobiltelefon. Wer mitmachen möchte: Infos gibt es unter der E-Mail-Adresse handy@koelnerzoo.de.

KÖLNER ZOO

Was haben Handys mit Gorillas zu tun?

SMARTPHONE RECYCLING

Für die Herstellung von Handys wird Coltan verbaut, ein Rohstoff, der im Lebensraum der Gorillas abgebaut wird. Für die riesige Nachfrage nach Handys wird immer mehr Lebensraum zerstört.

Das Recyceln von Handys hilft gleich zweifach: Der Lebensraum wird weniger zerstört, und für jedes Althandy wird ein Betrag für ein Gorilla-Schutzprojekt gespendet.

Alte Handys helfen Gorillas!

Mitmachen ist einfach!

Sammeln Sie Althandys, und werfen Sie diese in die Spendenbox!

Mehr Infos auf dem Flyer und unter koelnerzoo.de/artenschutz

BEGEISTERT FÜR TIERE

Handys für Gorillas

SPENDE   NACHHALTIGKEIT

HIER ALTE HANDYS EINWERFEN

KÖLNER ZOO

Sammelbox

Handys für Gorillas

BEGEISTERT FÜR TIERE

61_Moma
Wissensvermittlung für Aufgeweckte

Zoodirektor Theo B. Pagel ist Frühaufsteher. Seine ersten Mails beantwortet er oft schon vor sieben Uhr. »Der frühe Vogel fängt den Wurm«, scheint das Motto des Ornithologen zu sein. Die Zeiten, zu denen sich Theo Pagel im Sendehaus des ARD-Morgenmagazins in der Kölner Innenstadt einfinden muss, sind jedoch auch für ihn gewöhnungsbedürftig. Um spätestens sechs Uhr in der Früh heißt es mehrmals im Jahr: Maske, schminken, pudern – um anschließend bei Live-Interviews im Rahmen der mehrstündigen Sendung auf der Moma-Couch über Elefanten, Artenschutz und Co. zu berichten. Wissensvermittlung für Aufgeweckte also – mit einem bunten Infotainment-Mix, der den Zuschauern Spaß macht und uns vom Zoo hilft, ein breites Publikum über die Schönheit der Natur und den Wert des Artenschutzes zu informieren.

Star dieser für alle Seiten sinnvollen Kooperation ist der kleine Bulle Moma. Als Sohn von Marlar, dem ersten jemals in Köln geborenen Elefanten, von Haus ein »Promi«, übernahm das ARD-Morgenmagazin nach seiner Geburt 2017 die Namenspatenschaft. Hier ist der Name Fernsehprogramm! Regelmäßig kommen Moderatoren wie Susan Link oder Sven Lorig im Zoo vorbei, zum Beispiel um Moma mit einer Gemüsetorte zum Geburtstag zu gratulieren. Selbst nach Sri Lanka hat das ARD-Morgenmagazin ein Team des Kölner Zoos bereits begleitet. Ziel der gemeinsamen Reise war das Elephant Transit Home (ETH) in Udawalawe, das der Kölner Zoo finanziell und mit seinem Know-how unterstützt. Dort werden junge Elefanten, deren Mütter durch Wilderer verletzt wurden, großgezogen und auf ihre Wiederauswilderung vorbereitet. Die eindrucksvolle Dokumentation hat vielen Menschen gezeigt, wie bedroht Elefanten heute sind – und wie wichtig der Artenschutz ist. Ein Wake-up-Call des Morgenmagazins sozusagen. Die Kooperation geht weiter – denn Wissensvermittlung für Aufgeweckte kann es nicht genug geben.

62 Die Morgenrunde

Alles klar im Revier?

Früher war es fast in jedem zoologischen Garten üblich, dass der Zoodirektor, zumeist mit anderen Mitarbeitern, einen morgendlichen Rundgang durch den Zoo machte. In heutigen Zeiten, wo viele über ein eigenes Intranet als Meldesystem verfügen und immer mehr Manager die Führungspositionen in zoologischen Gärten übernehmen, ist das eher die Ausnahme geworden. Eine solche Ausnahme sind wir.

Im Kölner Zoo ging es früher zu Fuß auf die Morgenrunde. Schon unter Prof. Nogge nutzten wir Fahrräder, was wir bis heute beibehalten haben. Prof. Pagel legt viel Wert auf den persönlichen Kontakt zu seinen Mitarbeitern und zu den Tieren. Ist er im Dienst, fährt er daher stets die Morgenrunde. Dies ermöglicht ihm, den persönlichen Kontakt zu seinen Mitarbeitern zu halten und nah am täglichen Geschäft zu bleiben. So kann man feststellen, wenn es jemandem nicht gut geht und er besser nach Hause geschickt werden sollte. Es können zudem nötigenfalls umgehend Baumaßnahmen oder tiermedizinische Behandlungen eingeleitet werden.

Kurz nach acht Uhr geht es am Futterhof los. Dort wird kontrolliert, ob alle anwesend sind oder der Dienstplan geändert werden muss. Dann geht es mit dem Fahrrad weiter. Stets fährt Inspektor Ulrich Riepe mit. Er ist unter anderem für die Tierpfleger zuständig. Am Montag kommen dann die Leiter der Gärtnerei, Thomas Titz, der Werkstatt, Ronald Springborn, und unser technischer Leiter, Wolfgang Brass, mit. Am Donnerstag fahren die Zootierärztin, Dr. Sandra Marcordes, ein Vertreter der Zoopädagogik und die Kuratoren Bernd Marcordes, Oliver Mojecki, Dr. Alexander Sliwa und Prof. Dr. Thomas Ziegler mit. Wir haben so die Möglichkeit, vor Ort nach dem Rechten zu schauen, Fragen zu stellen und Dinge gleich zu klären – kurz: uns ein eigenes Bild zu machen. Für uns alle ist die Runde keine sportliche Ertüchtigung, sondern ein wesentlicher Bestandteil der Arbeit.

63 Der Nachtwächter

Unheimliche Begegnungen

Er macht das, wovon viele träumen. Und er macht es dann, wenn viele träumen.

Wovon ist die Rede? Vom nächtlichen Spaziergang durch den Kölner Zoo. Vorbei an Tigern, Elefanten, Löwen und Co. – begleitet von Mondschein und Sternenglanz. Doch was sich so romantisch anhört, ist in Wahrheit harte Arbeit. Denn der nächtliche Spaziergang durch die wilden Zoowelten ist kein Lustwandel, sondern die Routine des Zoo-Nachtwächters. Er kommt, wenn alle anderen gehen, packt sein Butterbrot und die Thermoskanne aus und liest sich in die Geschehnisse des Tages ein. Steht eine Elefantengeburt an, die für lautes Tröröö in der Herde sorgen könnte? Ist ein neuer Löwenmann eingezogen, der brüllend sein Revier markieren könnte? Der Nachtwächter notiert sich, was in den kommenden Stunden wichtig werden könnte, und beginnt seinen Dienst.

Pro Nacht dreht er gleich mehrere Runden durch den kompletten Zoo, die ihn buchstäblich auf Trab halten. Das kann manchmal ganz schön unheimlich sein. Denn gewöhnungsbedürftig ist es schon, als Homo sapiens allein unter Raubkatzen, Greifvögeln und Reptilien die Nachtstunden zu verbringen. Kaffee, Radio und feste Rituale erhellen dem Nachtwächter jedoch verlässlich die dunklen Stunden. Zu seinen Routinen zählt, verschiedene Touchpoints an den Zooanlagen zu drücken. So wird protokolliert, dass er auch tatsächlich alles inspiziert hat. Das gibt ihm und dem Zoo die Sicherheit, dass die Kontrollrunden, die aus Sicherheitsgründen variieren, auch tatsächlich absolviert wurden.

Wenn es dämmert, künden die ersten eintreffenden Mitarbeiter aus der Tierpflege und Gärtnerei davon, dass für den Nachtwächter der Dienstschluss naht. Berichtenswertes übermittelt er den Kollegen von der Tages-Security. Danach heißt es: Ab nach Hause, ab in den Schlaf, um für die nächsten Nachtexkursionen durch das Kölner Tierparadies fit zu sein.

64 Die Nahrungsspezialisten
Kleideraffe, Panda & Co.

Der Kölner Zoo beherbergt viele und vielfältige Arten – er praktiziert im wahrsten Sinne des Wortes Biodiversität. So divers die über 850 Arten sind, so unterschiedlich ist ihr Fressverhalten. Manche sind an ganz bestimmte Nahrung angepasst – sie sind buchstäblich Nahrungsspezialisten.

Der Rotschenklige Kleideraffe *(Pygathrix nemaeus)* frisst in seiner Heimat, Vietnam und Laos, fast nur Blätter. Und die bekommt er auch bei uns. Damit das auch im Winter möglich ist, müssen wir im Spätsommer ganz viel frisches Laub sammeln, die Blätter abzupfen und in einem Gefrierhaus für den Winter zurücklegen. Dadurch sind wir in der Lage, den Kleideraffen und anderen Blattfressern ihre Nahrung ganzjährig anzubieten.

Ein anderer Nahrungsspezialist ist der Kleine Panda *(Ailurus fulgens)*, der, wie sein Verwandter, der Große Panda *(Ailuropoda melanoleuca)*, ein Pflanzenfresser ist. Und dies, obgleich er ein Raubtiergebiss hat und sein Magen-Darm-Trakt nicht an die Aufnahme einer solchen Nahrung angepasst ist. Seine Hauptnahrungsquelle ist Bambus, doch der ist nährstoffarm, und daher muss der Kleine Panda große Mengen zu sich nehmen, um seinen Bedarf zu decken. Zudem frisst er Früchte, Beeren und gelegentlich Eier. Zwar vertilgen beide Panda-Arten viel Bambus, außer ihnen aber kein Tier – und so haben sie immer genug zu fressen.

Der Mohrenklaffschnabel *(Anastomus lamelligerus)*, ein Storchenvogel aus Afrika, heißt so, weil sein Ober- und Unterschnabel nicht aufeinanderliegen, sondern auch im geschlossenen Zustand auseinanderklaffen. Diese »Schnabelfehlstellung« ist ein Resultat seiner Nahrungsaufnahme, denn mit offenem Mund kann er seine Leibspeise, große am Wasser lebende Schnecken, besser aufnehmen.

Zu zwei anderen Nahrungsspezialisten, dem Erdferkel *(Orycteropus afer)* und dem Großen Ameisenbär *(Myrmecophaga tridactyla)*, finden Sie eigene Kapitel (siehe Kapitel 23, 35).

65_ O Tannenbaum

Eine hartnäckige Mär

Sie hält sich so hartnäckig wie ein Löwe beim Jagen: die Mär vom Tannenbaum und dem Kölner Zoo. Ihren Anfang nahm die Geschichte in den 1950er Jahren. Eifrige Journalisten setzten in die Welt, dass der Zoo alte Tannenbäume, die ihren weihnachtlichen Dienst in den Wohnstuben der Wirtschaftswunderzeit abgeleistet hatten, entgegennahm. Sie würden als Futter für die Kölner Elefanten verwendet, die den nadelnden Bäumen nicht widerstehen können. Letzteres ist richtig. Ersteres nicht.

Ausrangierte Tannenbäume, die einst geschmückt und behangen waren, hat der Kölner Zoo nie angenommen. Und das aus gutem Grund: Viel zu groß wäre die Gefahr, dass Reste von Lametta oder Kerzenwachs, Christbaumspitze oder -kugeln in die Rüssel und Mägen der sensiblen Dickhäuter kämen. Sie könnten ihr Ende bedeuten. Doch das Gerücht hält sich. Jahr für Jahr vermelden Presse, Funk und Fernsehen pünktlich zur Dreikönigszeit: Wer seinen Baum loswerden will, bringe ihn einfach zum Kölner Zoo. Gutmeinende Bürger folgen dem Aufruf, der ja durchaus Charme hat. Es bietet sich doch angeblich die seltene Chance, das Notwendige mit dem Sinnvollen zu verbinden – seinen Baum zu entsorgen und damit auch noch Gutes zu tun.

Die Mitarbeiter des Besucherservice, des Futterhofs und der Pressestelle nehmen es mit einem Lächeln. Sie wissen: Die Menschen meinen es gut mit ihrem Zoo. Sie wollen helfen und unterstützen. Nur, annehmen können sie die Bäume aus oben genannten Gründen nicht. Ein freundliches Wort, eine kurze Erklärung der Gründe für die »Baumverweigerung« – schon ist die Sache erledigt. Zumindest für dieses Jahr. Beziehungsweise bis nächsten Januar. Alle Jahre wieder – so heißt es schließlich zur Weihnachtszeit.

Nicht verkaufte und also nicht geschmückte Bäume sind tatsächlich eine schöne Abwechslung auf dem Speiseplan unserer Elefanten, wenn auch nur einmal im Jahr.

66__Das Organigramm
Der organisierte Zoo

Der Kölner Zoo mit seinen 162 Beschäftigten und zwei Tochter-
unternehmen (Restaurant und Shop) ist ein mittelständisches Unternehmen. Insofern benötigt er eine sinnvolle Organisationsstruktur.
Wir bilden sie in einem sogenannten Organigramm ab. Das ist eine
grafische Darstellung des Organisationsaufbaus eines Unterneh-
mens. Schon beim ersten Blick wird einem klar, wie die organisatori-
schen Einheiten gegliedert sind, wie die Aufgabenverteilung und die
Kommunikationsbeziehungen strukturiert sind. Ein solche Struktur
macht die Arbeit einfacher.

Viele Besucher denken nicht daran, dass ein Zoo unterschiedlichste Abteilungen besitzt. Vielmehr haben sie nur den Aspekt der
Tierhaltung im Sinn. In der Tat arbeitet in diesem Bereich die Mehrzahl der Beschäftigten: die Tierpfleger und Kuratoren, der Tierarzt
und Inspektor. Daneben gibt es eine Gärtnerei, die für gepflegte
Wege und Anlagen sorgt. Schon lange wollen wir nicht allein ein
grüner, sondern ein bunter Zoo sein. In der Werkstatt arbeiten unter-
schiedliche Fachhandwerker, und so sind wir in der Lage, kleine
Arbeiten und akute Probleme unmittelbar selbst zu beheben.

Zudem haben wir, wie andere Betriebe, ein Personalwesen, eine
Buchhaltung und eine Marketingabteilung – sie macht sich Gedan-
ken, wie wir den Zoo in das Bewusstsein der Menschen bringen.
An dieser Stelle steigt die nächste Abteilung ein: die Zoopädagogik. Sie versucht, die Besucher, etwa mit einer leicht verständlichen
Beschilderung und allerlei Angeboten, zu informieren – was letztlich in die Zooschule mündet, wo wir Schüler intensiv weiterbilden.
Der Zoobegleiterservice sollte ebenfalls erwähnt werden. Und was
ist mit dem Vertrieb, inklusive Einlass- und Besucherservice-
personal? Na, ohne sie wäre unser Betrieb völlig undenkbar. Bleiben
noch die Vorstände, zwei an der Zahl, verschiedene Sekretariate
und eine kleine Presseabteilung, die die Vielfalt der Tätigkeiten im
Zoo abrunden.

67 Die Partner rund um die Welt

International vernetzt

Der Kölner Zoo gehört zu den führenden Einrichtungen seiner Art. Als wissenschaftlich geleiteter Zoo mit einem starken Naturschutz- und Bildungsschwerpunkt haben wir eine Vielzahl von Partnern, auch und vor allem international.

Zusammen mit dem NABU bemühen wir uns um die Erhaltung der Wechselkröte *(Bufotes viridis)*. Mit dem WWF Deutschland haben wir vor Jahren einen Tigerclub gegründet. Die durch die Mitglieder gesammelten Gelder fließen vor allem in den Schutz der Amurtiger *(Panthera tigris altaica)* im Freiland und in die Verbesserung unserer Tigerhaltung.

Neben der Mitgliedschaft in internationalen Zooverbänden (siehe Kapitel 97) sind wir seit Jahren Mitglied bei der International Union for Conservation of Nature (IUCN) und in verschiedenen Gremien aktiv. Eines davon ist die Conservation Planning Specialist Group (CPSG), die die Grundlage für viele strategische Arterhaltungsmaßnahmen ist. Zoodirektor Pagel sitzt in der Species Survival Comission (SSC) der IUCN. Die Asian Songbird Trade Specialist Group (ASTSG) haben wir sogar mit gegründet; sie wird von David Jeggo, der für uns tätig ist, geführt. Illegaler Tierhandel ist ein wichtiges Thema, und Prof. Thomas Ziegler bringt sich in die Spezialistengruppe für Krokodile ein.

Zudem sind wir Mitglied bei Species 360, der größten Wildtierdatenbank der Welt. Ihre Daten helfen uns, unsere Tiere erfolgreich zu managen. Wie sagen sie selbst über sich: »Weltweite Information hilft der Arterhaltung«. Zoodirektor Pagel war hier mehrere Jahre im Aufsichtsrat tätig. Zudem sei die Threatened Asian Songbird Alliance (TASA) erwähnt, bei der wir ebenfalls an der Gründung beteiligt waren und in die wir unseren Sachverstand einbringen. Ein anderer internationaler Partner ist die European Association of Zoo and Wildlife Veterinarians (EAZWV).

68 Der Pavianfelsen

Das Herz des Zoos

Der sogenannte Pavianfelsen ist so etwas wie das Herz des Kölner Zoos. »He is immer jet loss«, wie man in Köln sagt. Manchmal bringt uns das zur Verzweiflung, wenn nämlich alle Besucher nur auf unsere Mantelpaviane *(Papio hamadryas)* schauen und die Okapis *(Okapia johnstoni)* gegenüber – ein echtes zoologisches Highlight – kaum eines Blickes würdigen. Das bestätigt den Slogan »Sex sells«, denn bei den Pavianen sind regelmäßig sexuelle Handlungen und Raufereien zu sehen. Innerhalb der Paviangruppe sind Streitigkeiten, meist zwischen den Haremsführern, an der Tagesordnung. Trotz großer Aufregung bleibt es meist bei Drohgebärden und lautem Geschrei.

Der Pavianfelsen wurde 1914 errichtet. Damals war er Teil einer großen Felsberganlage, zu der unter anderem große Geiervolieren gehörten. Direktor Ludwig Wunderlich konnte stolz auf sie sein. Auf über 450 Quadratmetern Fläche lebten zur Eröffnung 155 (!) Paviane. Heute halten wir rund 60 Tiere. Mantelpaviane leben in Gruppen mit jeweils einem erwachsenen Männchen als Anführer und mehreren Weibchen sowie ihren Jungen.

Der Felsen ist hohl, und es gibt im Inneren mehrere Absperrkäfige, in die sich die Tiere bei Regen oder kalter Witterung zurückziehen können. Sehr beliebt ist die tägliche, kommentierte Fütterung. Dabei geht es manchmal recht grob zu. Kreischen, Zetern und Schreien sind allgegenwärtig. Und da schon immer mehrere Großfamilien zusammen gehalten wurden, ist ethologisch viel zu beobachten. Es erstaunt daher nicht, dass hier so manche Examens-, Diplom-, Master- oder Doktorarbeit über diese sozial so interessanten Affen angefertigt wurde.

Die natürliche Heimat der Mantelpaviane verläuft entlang der Westküste des Roten Meers, ursprünglich von Ägypten über den Sudan bis Äthiopien und Somalia. Sie leben in Savannen, Halbwüsten und felsigen Gegenden – insofern passt unser Pavianfelsen gut.

69__Petermann

Der berühmteste Schimpanse Kölns

Sein Konterfei prangt als Graffito auf Häuserwänden und ist bis heute, mehr als 30 Jahre nach seinem Tod, regelmäßig in Zeitungen. Selbst eine lokale Whiskymarke trägt seinen Namen. Die Rede ist von Petermann. Wohl kein anderer Bewohner des Zoos hat die Herzen so bewegt wie der Schimpanse *(Pan troglodytes)*, der in den 1940er Jahren an den Rhein kam. Die damalige Zoodirektorenfamilie zog den verwaisten Menschenaffen liebevoll groß. Petermann schmuste mit den Kindern, aß am Tisch und schlief unter dem Dach der Direktorenvilla. Schnell erlangte er Berühmtheit. 1952 avancierte der zahme Affe sogar zum Fernsehstar: In der ersten live produzierten deutschen Silvestershow hatte Petermann einen Auftritt.

Der beliebte Petermann gab sein Stelldichein auf Karnevalssitzungen, rollte als Köbes verkleidet Bierfässer in Brauhäuser und war *das* Gesicht des Zoos. Doch alles änderte sich, als Petermann in die Pubertät kam. Seine Kräfte wuchsen genauso wie der Testosteronspiegel. Unter Menschen war er nicht länger zu halten. Vielmehr lebte er zusammen mit seiner Partnerin Susi in einem Abteil des alten Vogelhauses. In den Genuss, im neuen Urwaldhaus, dem Aushängeschild der Menschenaffenhaltung, das neue Maßstäbe setzte, zu leben, kam er nicht mehr. Durch eine kurzzeitig aufgelassene Gehegetür entlief Petermann aus seiner Anlage. Er stellte den damaligen Zoodirektor Prof. Dr. Gunter Nogge, der, vom Ruf »Tier frei!« alarmiert, herbeigeeilt war, und verletzte ihn durch Bisse und Hiebe lebensbedrohlich. Nur weil Nogge sich schließlich tot stellte, ließ Petermann von ihm ab.

Das aufgebrachte Tier musste leider erschossen werden – zum Leidwesen des Zoos und der gesamten Bevölkerung. Aber es galt, weitere Gefahren für Menschen abzuwehren. Die Anteilnahme war groß – das Andenken ist es bis heute. Der Schimpanse Petermann, der berühmteste Kölns, er ist ganz und gar nicht vergessen!

70__Das Philippinen-Krokodil

Eine sensationelle Erstnachzucht

Sekt bei den Tierpflegern im Aquarium – und das am helllichten Tag? Das ist doch eher eine Seltenheit. Ungefähr so selten wie die Nachzucht des hochbedrohten Philippinen-Krokodils *(Crocodylus mindorensis)*. Die Nachzucht dieser genauso schönen wie gefährdeten Echsen gelang dem Kölner Zoo 2015 als erstem Zoo weltweit. Etwas Erstmaliges und Einmaliges – das Team hatte also allen Grund, auf diesen Zuchterfolg anzustoßen.

Die Vorarbeiten waren lang und intensiv: Die Anlagen im Terrarium wurden eigens umgebaut. Die Männchen und Weibchen der Philippinen-Krokodile erhielten eigene Separees – und gleichzeitig die Möglichkeit, in einer mittig gelegenen Anlage zusammenzukommen, wenn die Libido rief. 2015 war es so weit. Kleine Krokodileier waren der Lohn für das leidenschaftliche Engagement des Aquarium-Teams. Und aus einem schlüpfte schließlich ein kleines Krokodil. Die Tierpfleger hielten wichtige Erkenntnisse fest, wie und warum die Nachzucht glückte. Die Beobachtungen zur speziellen Biologie dieser Tiere sind für den Artenschutz Gold wert. Denn Derartiges kann in der Regel nur in Zoos, nicht aber im Freiland festgehalten werden – und ist die Basis für weitere Nachzuchten.

Einige Jahre nach der weltweiten Erstnachzucht steht nun Schritt zwei des Engagements für die hochbedrohten Philippinen-Krokodile auf dem Programm. Der Zoo startet ein Wiederansiedlungsprojekt für die Rückführung von zwei Jungtieren auf die Philippinen. Für genetisch variable und überlebensfähige Bestände in Menschenhand zu sorgen und nach Möglichkeit Tiere zur Auswilderung bereitzustellen, ist die »hohe Schule« der Nachzuchtarbeit. Aufgrund des Engagements von Zoos weltweit konnten bereits Tierarten wie Wisent, Kalifornischer Kondor, Balistar, Przewalski-Pferd und Säbelantilope vor dem Aussterben bewahrt werden. Und darauf kann man mal ruhig mal mit einem Sekt anstoßen!

71__Das Restaurant

Die größte Pommesbude Kölns

Ein Zoobesuch ohne Pommes – für die allermeisten der kleinen und großen Zoobesucher einfach undenkbar. Liebe geht bekanntlich durch den Magen. Und die Zoogastronomie sorgt dafür, dass der tägliche Bärenhunger gestillt wird. Dass die Besucher ebenjenen haben, belegen eindrucksvoll die Zahlen: Sage und schreibe 60 Tonnen Pommes gehen Jahr für Jahr im Durchschnitt über die Theken des Zoorestaurants und der Snackstops auf dem Zoogelände. Damit ist der Kölner Zoo – so delikat kann man es sagen – die größte Pommesbude Kölns. Hinzu kommen unter anderem 60.000 Currywürste und 40.000 Brat- und Bockwürstchen, die sich mehr als eine Million Besucher gönnen. Das sucht in der rheinischen Metropole seinesgleichen.

Die Mitarbeiter der Gastronomie haben immer ihre Wetter-Apps im Blick. Denn zwischen einem verregneten Montag im November und einem wohlig-warmen Sonntag in der Ferienzeit liegen besuchertechnisch Welten – und damit auch bei den Planungen, wie viele Würstchen, Pommes, Kuchen und Salate im Einkauf bestellt und wie viele Mitarbeiter eingesetzt werden müssen. Ohne flexible Planungen kommt man da nicht weiter.

Um den Besuchern Genuss mit gutem Gewissen anbieten zu können, spielt das Thema Nachhaltigkeit eine große Rolle. Viele Fleischwaren kommen aus nachhaltiger Erzeugung. Die Cups für den Kaffee »to go« sind aus Recyclingpapier, und auf Plastikdeckel wird verzichtet. Der Kaffee selbst stammt aus biologischem Anbau und fairem Handel. Der Kölner Zoo hat zudem als erster in Deutschland nur noch Fisch angeboten, der nach den Kriterien des Marine Stewardship Councils (MSC) zertifiziert wurde. Das gilt übrigens nicht nur für die Gäste in der Zoogastronomie, sondern auch für die Seelöwen und Pinguine. Die Gewinne von Kölns größter Pommesbude gehen eins zu eins an den Zoo – zum (leiblichen) Wohle aller seiner kleinen und großen Bewohner.

72__Der schönste Spielplatz

Ganz ohne Hundekot

Elefanten und Erdmännchen, Löwen und Tiger, Hippodom und Streichelzoo: Der Kölner Zoo ist, wer will es ernsthaft bestreiten, auch ein Kinderparadies. Hier gibt es Dinge, die nirgendwo sonst in der Domstadt zu sehen sind. Eine der Hauptattraktionen ist und bleibt für Kinder dennoch ein Ort, den es auch an vielen anderen Stellen der Stadt gibt: der Spielplatz. Nicht selten lassen sich quengelnde Kinder beobachten, die an Mutters Hand ziehen und zerren und scheinbar nur eines im Sinn haben – möglichst schnell, einer Kompassnadel gleich, auf direktem Weg den großen Spielplatz im Zoo zu erreichen. Mama, Papa, Oma oder Opa geben diesem Wunsch in der Regel allzu gern nach. Denn als Aufpasser großstadtgeplagter »Pänz« wissen sie, wie wichtig Raum zum Toben, Klettern, Springen und Verausgaben ist.

Der Kölner Zoo hat deshalb 2013 viel Geld in die Erneuerung der Spielplatzlandschaften an Elefantenpark und Zoorestaurant investiert. Toben ist in den beiden »Almira«-Spielplatz-Phantasiewelten, die die Geschichte eines gestrandeten Piratenschiffs erzählen, nach Herzenslust möglich. Während die Kleinen sich auspowern, können sich die Großen bei Snacks und Kaltgetränken oder Kaffeespezialitäten entspannt zurücklehnen und zur Ruhe kommen. Der zusätzliche Vorteil: Die Hinterlassenschaften von Hunden – auf frei zugänglichen Spielplätzen in Parks oder Siedlungen leider Gottes oft die Regel – müssen Kinder und Eltern im Zoo nicht fürchten. Schließlich ist das Mitbringen heimischer Vierbeiner unter anderem aus Rücksicht auf die exotischen Wildtiere im Zoo nicht gestattet. Auch das ist ein nicht zu unterschätzender Grund dafür, dass die Spielplätze im Zoo trotz all der »tierischen« Attraktionen, trotz Elefant, Löwe und Co. selbstverständlich weiterhin hochbeliebte Highlights sind – an denen für kleine Zoobesucher garantiert kein Weg vorbeiführt. Allein die alte Zoolok fehlt den älteren Besuchern.

73__Die Schwarzfußkatze

Die kleinste Katze Afrikas

Die Schwarzfußkatze *(Felis nigripes)* ist die kleinste afrikanische Katzenart. Sie bewohnt die südwestliche Trockenzone im südlichen Afrika. Selbst in diesen Gebieten mit nur wenigen Niederschlägen sind sie durch die Besiedelung und Landnutzung durch den Menschen bedroht. Seit 2008 existiert unter der Leitung von Dr. Alexander Sliwa, seines Zeichens Kurator im Kölner Zoo, eine Arbeitsgruppe, die sich durch entsprechende wissenschaftliche Datenerhebungen um den Schutz dieser weitgehend unbekannten Kleinkatze, mit ihrem relativ kleinen Verbreitungsgebiet und ihrer geringen Siedlungsdichte, bemüht.

Sliwas Arbeitsgruppe besteht aus den verschiedensten Fachwissenschaftlern. Mit diesem multidisziplinären Ansatz ist er in der Lage, umfassende Daten zu gewinnen. Es werden möglichst viele Informationen gesammelt. Tiere werden gefangen, narkotisiert, gründlich medizinisch untersucht und mit Sendern ausgestattet. Anschließend werden sie wieder freigelassen. Über ein Radiohalsband kann man sie orten, beobachten und, falls erforderlich, wieder einfangen. Dadurch sind valide Vergleichsdaten möglich, zum Beispiel über ihre Nahrungsgewohnheiten. Zu dieser Arbeit reist der Kurator regelmäßig nach Afrika. 2019 wurde Namibia mit ins Untersuchungsgebiet aufgenommen. Hier gilt es zunächst, Bestände ausfindig zu machen, Tiere mit Sendern auszustatten und ihr Verhalten besser kennenzulernen. Wo liegen die Probleme? Sind es Schafzüchter, die die Tiere vergiften, oder hat ihr Rückgang andere Gründe?

Das Schwarzfußkatzenprojekt ist eine der wenigen Langzeitstudien bei Kleinkatzen weltweit. Aus der Datensammlung entstehen mit der Zeit Vergleichsdaten zur Fortpflanzung, beispielsweise zu Überlebensraten. Über die registrierten Wanderungen können zudem Rückschlüsse auf die Streifgebietsgrößen gezogen werden. Dies über Jahre hinweg zu dokumentieren, zeichnet dieses Projekt aus.

74__Seelöwen und Flugschau
Unterhaltsames Fitnesstraining

In der Regel finden bei den Kalifornischen Seelöwen *(Zalophus californianus)* und an der Flugschau-Anlage täglich Vorführungen statt. Beides sind keineswegs Zirkusshows. Vielmehr geht es bei den Seelöwen darum, sie in Bewegung und damit fit zu halten. Die Vorführung ist sozusagen eine Trainingseinheit, ansonsten würden die Seelöwen zu viel auf der faulen Haut liegen.

Die Seelöwen bekommen zur Belohnung für ihre Kunststücke gleich ein paar Häppchen – ohne würde ihnen irgendwann die Lust vergehen, die Kommandos auszuführen. Die Tierpfleger erzählen über die Seelöwen, ihre Biologie und ihre Probleme im Freiland. Wenn der Seelöwe den Ball balanciert, dann wird erklärt, dass er das wegen seiner Barthaare, auch Vibrissen genannt, so perfekt kann. Mit den Vibrissen berührt er die ganze Zeit über den Ball. Sie dienen ihm als Tastorgane – so setzt er sie auch im trüben Wasser zur Orientierung und bei der Nahrungssuche ein.

In der Flugschau des Kölner Zoos werden verschiedene Vogelarten eingesetzt: Der Lachende Hans *(Dacelo gigas)*, eine australische Eisvogelart, ebenso wie der Weißkopfseeadler *(Haliaeetus leucocephalus)*, ein Wüstenbussard *(Parabuteo unicinctus)*, ein Gaukler *(Terathopius ecaudatus)*, ein Schwarzer Milan *(Milvus migrans)*, ein Brillenkauz *(Pulsatrix perspicillata)* sowie der Dunkelrote Ara *(Ara chloroptera)*. Die Vögel werden im Fluge, manchmal direkt über die Köpfe der interessierten Besucher hinweg, präsentiert. Währenddessen berichtet ein Tierpfleger über die jeweilige Art, zum Beispiel, dass Greifvögel keine bösen Raubvögel, sondern sehr nützliche Tiere sind. Sie erzählen über den Bedrohtheitsstatus und das Verhalten der Vögel im Freiland.

Wir wollen diese Art der Information im Zoo intensivieren, bemerken wir doch, dass sich die Menschen durch das Geschehen und die Erklärungen viel mehr einbinden lassen als durch bloße Gehegeschilder.

75__Shona Art

In Stein gemeißelt

Man hört es im Sommer schon von Weitem: das schweißtreibende Hämmern und Klopfen der Steinmetze in spe rund um den Pavianfelsen. Wer hier hämmert, hat sich bei den Shona-Art-Steinbildhauerkursen angemeldet. Der Zoo bringt damit ein kleines Stück Afrika nach Köln. Der Zoo bietet diese Kurse regelmäßig in den warmen Sommermonaten mit einem Kooperationspartner an. Der Erfolg ist buchstäblich »durchschlagend«. Denn der Zuspruch für die Arbeit mit den Steinen ist kontinuierlich groß.

Bearbeitet werden Serpentinsteine nach Art der Steinbildhauerei, wie sie in Zimbabwe praktiziert wird. Die Kunstwerke entstehen ausschließlich in Handarbeit. Mechanische oder elektrische Geräte sind tabu. Eingesetzt werden Hammer, Meißel, Raspel und Feile. Sind die endgültigen Formen entstanden, werden die Skulpturen mit Wasser und Schmirgelpapier glatt geschliffen. Abschließend wird das Kunstwerk erhitzt und mit Wachs eingerieben. Farbe und Struktur kommen so besser zum Vorschein; gleichzeitig wird das Meisterwerk versiegelt.

Laut Kunstexperten ist die Shona Art die derzeit renommierteste Form zeitgenössischer Kunst aus Afrika. Sie wurde vom amerikanischen Nachrichtenmagazin Newsweek sogar als wichtigste Kunstmanifestation Afrikas der letzten Jahrzehnte geadelt. Der Kölner Zoo ist also mal wieder auf der Höhe der Zeit und gibt auch der Kunst ihren Raum!

Sinn machen die Kurse gleich in mehrfacher Hinsicht. Jeder, der mitmacht, hat jede Menge Spaß, trainiert die Muskeln – und lernt, dass steter Tropfen letztlich jeden Stein höhlt. Mit dem Erlös aus den Kursen und verschiedenen parallel dazu zum Kauf angebotenen Steinen unterstützen sie zudem Schulen und Ausbildung sowie den Erhalt ihrer Kultur. Wer es des Sommers im Kölner Zoo also demnächst wieder klopfen und hämmern hört, weiß: Hier wird Shona Art hergestellt. Ein kleines Stück Afrika mitten in Köln.

76___Die Sicherheit

Hennes und Taco auf Video

Rund 10.000 Tiere beherbergt der Kölner Zoo – die zwei Millionen Blattschneiderameisen im Insektarium nicht mitgezählt. Die knapp 100 Frauen und Männer umfassende Riege der Zootierpfleger kümmert sich um sie alle gleich gern. Gelernt ist gelernt – und der Beruf tatsächlich eine echte Berufung. Dennoch gibt es Tiere, die aufgrund ihrer Außenwirkung besondere Fürsorge und – traurig, aber wahr – erhöhten Schutz benötigen.

Wenn wir von Tieren im Kölner Zoo reden, die erhöhte Aufmerksamkeit genießen, darf sein Name nicht fehlen: Hennes IX., das stolz gehörnte VIP-Wappentier des ruhmreichen 1. Fußball-Clubs Köln, ist eindeutig ein Promi der Stadt. Und damit auch ein Promi des Zoos. Und wo die Prominenz weilt, sind Kameras bekanntlich nicht fern. Das trifft auch hier zu. Im Kleinen Geißbockheim ist ein Webcam-System angebracht, mit dem FC-Fans immer hautnah dabei sein können, wenn die berühmteste Ziege der Welt sich hier und da die Hörner abstößt. Gleichzeitig haben der Zoo und der 1. FC Köln so immer die Möglichkeit, das Treiben rund um das Maskottchen zu beobachten. Vor allem vor den Derbys gegen Mönchengladbach, Düsseldorf und Leverkusen tut dies not. Schließlich weiß man nie so ganz genau, auf welch verrückte Ideen »Fans« heute kommen.

Unter besondere Beobachtung haben wir auch unser Spitzmaulnashorn Taco gestellt. Manchen Menschen ist heute nichts mehr heilig. Im Zoo von Paris wurde erst kürzlich nachts eingebrochen, das prächtige Breitmaulnashorn Vince erschossen und sein Horn abgesägt und gestohlen. Mehrere zehntausend Euro bringt dies auf dem Schwarzmarkt der Traditionellen Chinesischen Medizin. Ein barbarischer Akt der Wilderei, den wir in Köln keinesfalls erleben wollen. Daher bleiben wir bei potenziell gefährdeten Tieren mit Hilfe der Videoüberwachung lieber buchstäblich »im Bilde«. Und natürlich wird auch verstärkt patrouilliert, um sie zu schützen.

77__Social Media

Warum digital?

Ein Zoo hat viele Aufgaben. Eine der wichtigsten ist: Menschen echte Tiere zu zeigen. Tiere, die riechen, sich bewegen, fressen. Als Begegnung mit allen Sinnen, um für die Schönheit und Vielfalt der Natur zu begeistern. Wie es ja auch dem Leitbild des Kölner Zoos entspricht. Da stellt sich schon die Frage, warum in Herrgottsnamen der Kölner Zoo seit gut zehn Jahren auch in den sozialen Medien aktiv ist. Auf Facebook und Youtube, Instagram und Twitter sowie neuerdings auf Pinterest. Tiere digital statt analog? Machen Zoos sich damit nicht ihr »Geschäftsmodell« kaputt?

Nein, lautet die Antwort. Wenn man es richtig und clever macht. Wenn die Social-Media-Kanäle den »echten« Besuch im Kölner Zoo nicht ersetzen, sondern Lust auf ihn machen. Wenn Posts und Tweets nicht falsche Wahrheiten vorgaukeln, sondern Lust auf das Kennenlernen der »tierischen« Realitäten beim Zoobesuch machen. Wenn durch Appetitanreger und Wissensvermittlung über schlagkräftige Digital-Plattformen dazu eingeladen wird, sich im Zoo ein eigenes Bild von der Schönheit der Natur zu machen.

Nicht mit erhobenem Zeigefinger und wissenschaftlich überfrachtet. Aber auch nicht beliebig und anspruchslos. »Edutainement« heißt das Zauberwort, unter dem sich das Social-Media- und Digitalengagement des Kölner Zoos zusammenfassen lässt. Und der Kreativität der Mitarbeiter sind keine Grenzen gesetzt. Ein bunter Mix an Themen und Tipps, Hintergrundwissen und Infos zieht die Follower der verschiedenen Zoo-Kanäle an. Besonders beliebt sind lustige Videos aus den Backstage-Bereichen der Anlagen. Clips wie die von Nashorn Taco, der im Hochsommer eine Melone im Ganzen auffrisst, den drei badenden Jungelefantenbullen Kitai, Jung Bul Kne und Moma oder vom Ara, der Bierflaschen öffnet, sorgen schnell für Aufrufe in Millionenhöhe. Und machen Lust darauf, die tierischen Stars bald mal live zu sehen, zu hören und zu riechen. Zoogenuss mit allen Sinnen eben!

78__Sri Lanka

Namal, der dreibeinige Elefant

Eine Reportage von Sven Lorig und Thomas Schindler im Auftrag des WDR-Fernsehens dokumentierte 2018 sehr eindrücklich unser Engagement zum Schutz der Asiatischen Elefanten auf Sri Lanka.

Wir unterstützen seit Jahren ein Elefantenwaisenhaus, das »Elephant Transit Home«, in Udawalawe. Dort kümmert man sich aufopferungsvoll um mutterlose oder verletzte Elefantenjungtiere. Circa 50 junge Elefanten leben in dieser Station quasi wild. Mehrfach am Tag werden sie mit einem Signal angelockt und bekommen die entsprechende Milchration mittels Schlauch und Eimer verabreicht. Dabei ist das Gedränge groß. Die restliche Zeit verbringen sie vor den Toren der Anlage, im Prinzip frei. Wilde Elefanten kommen regelmäßig hierher und haben Kontakt zu den Tieren der Station. Die jungen Elefanten werden ausgewildert und an vorhandene Wildbestände herangeführt. Die Elefanten erhalten ein Sendehalsband, mit dessen Hilfe sie zu orten sind – so kann man feststellen, ob die Auswilderung funktioniert. Die Halsbänder werden vom Kölner Zoo sowie von den Zoos in Heidelberg und Karlsruhe finanziert.

Unser Projekt auf Sri Lanka wird vornehmlich von unserem ehemaligen Mitarbeiter und Chefelefantenpfleger Brian Batstone, Dr. Alexander Sliwa und Zoodirektor Prof. Theo B. Pagel selbst betreut. Nach einem Besuch des Zoovorstands Christopher Landsberg im Elefantenwaisenhaus geriet Namal, ein dreibeiniger Elefant, in unseren Fokus. Er hat durch eine Schlingenverletzung ein Bein verloren und benötigt regelmäßig eine neue Prothese, welche wir über einen Spendenaufruf haben finanzieren können. Doch der Elefantenbulle Namal wird älter und damit das Wechseln der Prothese immer schwieriger und gefährlicher. Daher finanziert der Kölner Zoo für ihn ein spezielles Gehege. Und Brian Batstone, der Elefantenexperte, bringt den Kollegen das Arbeiten im geschützten Kontakt bei.

79___Die Stachelskinke

Welches Tier lebt im Büro des Zoodirektors?

Der Kölner Zoodirektor hält seit seiner Berufung in seinem Büro tatsächlich Tiere. Sein Büro gleicht übrigens noch sehr dem alten Büro, wo Dr. Wilhelm Windecker (siehe Kapitel 16) einst saß. Der Schreibtisch, ein Teil der Regale und ein alter Schrank stammen noch aus dieser Zeit. Die alte Geldtruhe aus der Gründerzeit, zahlreiche Bücher und ein Karussellpferd ergänzen das Ambiente. Die Truhe und das hölzerne Pferd wurden durch den ehemaligen Schlosser Didi Flink restauriert. Zudem steht in einer Ecke des Raums ein Terrarium. In ihm hält und züchtet Kölns Zoodirektor Echsen, genauer gesagt den Stachelskink *(Egernia stokesii)*, der auch Dornschwanzskink genannt wird. Er lebt in Zentral- und Westaustralien, wo er in Wüsten und Halbwüsten häufig unter Felsspalten Schutz sucht.

Die ersten Tiere dieser Art bekam Prof. Pagel 2007 vom damaligen Zoodirektor Dr. Ulrich Schürer, der längst auch ein guter Freund ist, persönlich geschenkt. Stachelskinke, die eine Körperlänge von bis zu 28 Zentimeter erreichen, erinnern an Dinosaurier, genauer gesagt an *Europelta carbonensis*, ein Mitglied der Nodosauridae, die vom späten Jura bis zur späten Kreidezeit in der Antarktis, Asien, Europa und Nordamerika beheimatet waren.

Die Stachelskinke zeichnen sich durch zwei Dinge aus. Zum einen leben sie in sozialen Gruppen von bis zu 15 Tieren; zum anderen sind sie lebendgebärend. Nach einer Trächtigkeit von etwa 100 bis 110 Tagen bringt das Weibchen ein bis fünf Jungtiere zur Welt, die im Familienverband bleiben. Prof. Pagel hat mehrere Paare zusammengestellt, die zum Teil daheim bei Mitarbeitern – darunter eine Dame aus dem Besucherservice – oder in der Terrarienabteilung des Aquariums gehalten werden. Stachelskinke fressen sowohl Insekten, wie Heuschrecken und Termiten, als auch pflanzliche Nahrung. Stachelskinke können mit bis zu 25 Jahren ein beachtliches Alter erreichen.

80__Stars und Sternchen

»Bunte Hunde« auf Zoobesuch

Mehr als eine Million Menschen besuchen Jahr für Jahr den Kölner Zoo. Darunter so mancher »bunte Hund«, dessen Gesicht aus Presse, Funk, Fernsehen und den sozialen Medien bekannt ist. Ob internationale Stars, wie Justin Bieber und Alanis Morissette, oder regionale Prominenz, wie Brings und Kasalla, Lukas Podolski und Toni Schumacher: Im Kölner Zoo hat sich so mancher große Name vom Star-Dasein erholt – und einen entspannten Nachmittag bei Erdmännchen, Seelöwen und Co. verbracht. Tiere beobachten, statt selbst beobachtet zu werden – das ist das Motto. Dem Zoo ist der Schutz der Privatsphäre mindestens so wichtig wie den »bunten Hunden« selbst. Denn viele Prominente kommen mit ihren Kindern und schätzen ihr gutes Recht auf Privatheit – in Zeiten von Handy-Kameras und Selfie-Jägern gar nicht so leicht.

Manche Stars haben einen derartigen Bekanntheitsgrad, dass ein Besuch nur außerhalb der Öffnungszeiten infrage kommt. Zu groß wären das öffentliche Interesse und die Sicherheitsbedenken. Beispielhaft dafür steht Michael Jackson. Der »King of Pop« war in den 1980er und 1990er Jahren gleich mehrfach im Zoo zu Gast. Er schätzte es, nach seinen Konzerten im Müngersdorfer Stadion bei einem Gang durch den nächtlichen Zoo den aufwühlenden Auftritt vor Zehntausenden Menschen hinter sich zu lassen – und ganz allein in die Ruhe des Riehler Tierparadieses einzutauchen.

Promis besuchen den Zoo nicht nur zur Erholung. Manchmal packen sie auch mit an. Sie helfen im Rahmen von PR- oder Charity-Aktionen im Sinne der guten Sache, zum Beispiel als Tierpfleger für einen Tag beim Misten, Füttern oder Grünschnitt. Sie genießen, dass es Giraffen, Affen und Zebras dabei herzlich egal ist, wer da gerade die Schaufel schwingt. Einer wurde gar zum Tierpfleger geschlagen. Einen Promibonus haben die tierischen Bewohner nicht zu vergeben. Schließlich wissen sie ganz genau: Die eigentlichen Stars im Kölner Zoo sind sie!

81 Die Streitschlichtung

Ein Elefant räumt auf

In unseren alten Berichten findet sich die Geschichte, dass der Zoo 1864 einen Elefanten erhielt. Es heißt: »Er hat noch eine enge Wohnung und ist am Fuße gefesselt, soll aber bald besser logiert werden.« Im Jahr darauf ging er durch eine außergewöhnliche Aufgabe in die Geschichte des Zoologischen Gartens Köln ein.

1865 war die Stimmung im Rheinland schlecht. Graf Otto von Bismarck war preußischer Ministerpräsident geworden. Die Rheinländer mochten ihn nicht, denn er bestand auf seiner Heeresreform. Es gab Konflikte zwischen dem Polizeipräsidenten und den »freisinnigen rheinischen Abgeordneten«. Am 22. Juli 1865 wollten die Abgeordneten im Gürzenich, der guten Stube Kölns, tagen, aber der Polizeipräsident hatte etwas dagegen. Daraufhin zogen sie in den Zoo, gastierten im Restaurant und im Musikzelt, wo dann der Bürgermeister von Longerich erschien, in feinem Zwirn und mit weißem Zylinder – den er später im Tumult verlieren sollte. Er wollte die Sitzung als nicht genehmigte politische Versammlung aufheben. Anstatt ihm Folge zu leisten, wurde er jedoch verspottet: »Aber Herr Bürgermeister von Longerich, wir sind ja gar hongerich.«

Es kam, wie es kommen musste: Die Infanterie drang in den Zoo ein und wollte die Versammlung auflösen. Die Kürassiere standen bereits vor den Toren des Zoos. Da kam Zoodirektor Dr. Heinrich Bodinus ins Spiel: Er eilte drohend mit seinem Elefanten herbei und verhinderte so das weitere Eindringen des Militärs. Den Streit zwischen den beiden Interessengruppen konnte er allerdings nicht schlichten. Die Versammlung löste sich auf, feierte aber auf der anderen Rheinseite in Deutz weiter – »So sin se, de Kölsche!«.

Angeblich soll im Rosenmontagszug des darauffolgenden Jahres ein Karnevalswagen mitgefahren sein, der eine Hutfabrik darstellte – eine unmissverständliche Anspielung auf den Zylinder des Bürgermeisters von Longerich.

a. Rh.
Elephanten im Zoologischen Garten.

82__Das Südamerikahaus

Aus alt mach neu

Ein quietschgelb gestrichenes Haus im russischen Zuckerbäcker-stil. Mitten in Köln. Als Heimat für Affen, Faultiere und Piranhas. Wer bei diesem Sinnzusammenhang am Geisteszustand des Autors zweifelt, kennt das sogenannte »Alte Südamerikahaus« im Kölner Zoo noch nicht. 1899 im damals modernen Zwiebeltürmchenstil russisch-orthodoxer Kirchen erbaut, diente es zunächst als Vogel-haus. Nach der Zerstörung und dem Wiederaufbau ab 1945 bot es bis zuletzt vorzugsweise südamerikanischen Primaten eine Heimat. Doch der Zahn der Zeit nagte kräftig an dem ausgefallenen und für den Zoo so prägenden Prachtbau. Eine Sanierung – unumgänglich, sonst hätte der Abrissbagger anrücken müssen.

Die Zooverantwortlichen trieben mit der Stadt Köln, dem Stadt-konservator, der NRW-Stiftung und der Deutschen Stiftung Denk-malschutz die passende Lösung voran: die Komplettsanierung des traditionsreichen Gebäudes. Es wird ab 2021 als begehbare Dschun-gellandschaft für Tiere Mittel- und Südamerikas in neuem Licht erstrahlen. »Außen 1899 – innen 21 Jahrhundert!« – auf diese griffige Formel kann man das Vorhaben bringen. Denn durch die Sanierung nach strengen Kriterien des Denkmalschutzes wird die äußere Form des in Europa einzigartigen Hauses in den Ursprungszustand zurück-gebracht. Innen entsteht dank modernster Technik eine artgerechte Dschungelwelt, die neuesten Ansprüchen an den Energie- und Res-sourcenschutz gerecht wird. Zudem ist ein Naturschutzprojekt in Belize (siehe Kapitel 10) an das Haus gekoppelt.

Besucher können über mehrere Ebenen vorbei an Affen und Faultieren, Piranhas und Gürteltieren flanieren – und tief in eine faszinierende Dschungelwelt eintauchen. Kommentierte Fütterun-gen und eine Schauküche, die den Blick auf die Tierpfleger, die das Futter zubereiten, freigibt, ergänzen das moderne und tiergärt-nerisch anspruchsvolle Angebot. Aus alt mach neu – so das pas-sende Motto!

83__Swasiland

Für ein besseres Zusammenleben von Mensch und Tier

Als wir den Hippodom (siehe Kapitel 38) bauten, die afrikanische Flusslandschaft für Flusspferde *(Hippopotamus amphibius)* und Nilkrokodile *(Crocodilus niloticus)*, da war klar: Wir brauchen ein dazu passendes Naturschutzprojekt.

Aus diesem Grund unternahm Zoodirektor Pagel eine Reise nach Swasiland. Dort traf er Ted und Mick Reilly, die für den König des letzten Königreichs Afrikas in Sachen Naturschutz arbeiten. Ihnen unterstehen mehrere Reservate beziehungsweise Nationalparks. Sie leiten die Big Game Parks. Der Kölner Zoo unterstützt ihre Arbeit mit 25.000 US-Dollar jährlich. Es geht hier vornehmlich um den Schutz von Flusspferd, Krokodil, Nashorn und Co. Die Konflikte zwischen den Menschen und diesen gefährlichen Tieren stehen im Fokus – sie sollen verhindert oder gelöst werden. Man muss sich vielleicht erst einmal klarmachen, dass es im südlichen Afrika noch eine echte Konkurrenz zwischen Mensch und Tier gibt. Die Menschen bewirtschaften ihre Felder entlang der Flussufer oder holen dort Wasser. So dringen sie regelmäßig in die Lebensräume der Tiere ein, und das kann zu Konflikten führen. Auch die Weidetiere, wie Ziegen oder Rinder, landen nicht selten in den Mägen der Krokodile. Selbst Menschen erwischt es hin und wieder. Dank unserer Unterstützung werden Problemtiere nicht mehr geschossen, sondern gefangen und in Nationalparks gebracht.

Zunehmend kümmern wir uns auch um Nashörner. Durch Bevölkerungswachstum, einhergehenden Lebensraumschwund und Wilderei schrumpfte ihr Bestand bis heute um unvorstellbare 98 Prozent! Hier hilft der Kölner Zoo: Mit unserer Unterstützung konnte Big Game Parks spezielle Anti-Wilderer-Einheiten aufstellen und den Schutz der Nashörner verstärken. Und mit wissenschaftlicher Begleitung durch den Kölner Zoo konnte das Moschusböckchen *(Nesotragus moschatus)*, eine Zwergantilope von nur 40 Zentimeter Größe, ausgewildert werden.

84__Das Targettraining
Was macht der mit dem Stock?

Unter dem Begriff Targettraining werden sich viele zunächst sicher nichts vorstellen können, einige kennen ihn aber möglicherweise vom Hundetraining. Es handelt sich dabei um eine Methode zur Verhaltenskonditionierung bei Tieren, wobei ein Target (Englisch für Ziel) als Hilfsmittel eingesetzt wird.

Zumeist wird beim Targettraining mit Hilfe eines Clickers oder einer Pfeife, also mit einem Lautsignal, das Arbeiten unterstützt. Das Tier lernt, einem Target, zum Beispiel einem Stab mit einem Ball an der Spitze, zu folgen oder es zu berühren. Nach einiger Zeit reicht dann meist schon ein Handzeichen. Mit dem Target gelingt es dem Tiertrainer oder Zootierpfleger, ein Tier zu positionieren und später auch zu dirigieren. Im Kölner Zoo führen wir das seit Jahren erfolgreich bei unseren Asiatischen Elefanten *(Elephas maxiumus)*, aber auch bei Philippinen- und Nilkrokodilen *(Crocodilus mindorensis und niloticus)* durch (siehe Kapitel 70). Es gibt immer mehr Bereiche, wo wir diese Trainingsmethode in der Tiergärtnerei einsetzen, vom Nashorn bis zur Schildkröte – da geht mehr, als man denkt.

Der Targetstock ist stets so zu gestalten, dass er, auch bei zufälligen oder unbeabsichtigten Berührungen, keinen Schmerz und erst recht keine Verletzungen verursacht, was insbesondere bei Berührungen im Kopfbereich wichtig ist. Wir trainieren unsere Elefanten auch darauf, dass man ihnen beispielsweise Augensalbe verabreichen kann, ohne dass sie sich wehren. Dieses medizinische Training bauen wir aus.

Ein Target dient nicht der Bestrafung, sondern der Führung oder Lenkung. Bei dieser Art des Trainings sind wir auf die Mitarbeit des Tiers angewiesen. Es erfolgt keine Bestrafung, sondern es wird ausschließlich durch positive Bestärkung trainiert. Wie bei allen Trainingsmethoden ist auf Regelmäßigkeit und die verlässlich gleiche Art und Weise der Durchführung zu achten, damit das Tier versteht, was es machen soll.

85 Theos Tierwelt

Der Zoo im Fernsehen

Die Filmproduktionsfirma Längengrad aus Köln produzierte unter der Regie von Herbert Ostwald bisher drei Folgen von »Theos Tierwelt«. Die Sendungen liefen auf Arte und dem WDR, Ausschnitte wurden ins Schulfernsehen übernommen. In seiner Tierwelt nimmt Zoodirektor Prof. Theo B. Pagel Projekte unter die Lupe, die von zoologischen Gärten initiiert und maßgeblich unterstützt werden. Der Naturschützer und langjährige Direktor des Kölner Zoos schaut sich an, ob Tiergärten tatsächlich dabei helfen können, die bedrohte Natur zu retten.

In der Folge »Neue Arten braucht die Welt« bricht er in die Wildnis nach Vietnam und Laos auf. Dort besucht er Naturschutzprojekte für Affen, Bären, Elefanten und Reptilien.

In der Folge »Die Arche vor der Haustür« stehen Feldhamster *(Cricetus cricetus)*, Iberischer Luchs *(Lynx pardinus)* und Bartgeier *(Gypaetus barbatus)* im Fokus. Für alle drei gibt es erfolgreiche Wiederausbürgerungsprojekte. Die erste Zuchtstation für Feldhamster steht im Zoo Heidelberg. Nachzuchten konnten in der Umgebung erfolgreich wieder ausgewildert werden. Das Projekt für den Bartgeier, unter der Leitung von Dr. Hans Frey, ist ein Vorzeigeprojekt. Dank seiner Bemühungen gibt es wieder Bartgeier im Alpenraum. Und das Luchsprojekt in Spanien zeigt, was wir alles schaffen können, aber auch wie aufwendig das alles ist – lassen wir es bei anderen Arten besser erst gar nicht so weit kommen!

In der letzten Folge, die 2020 ausgestrahlt wurde, stehen Przewalski-Pferd *(Equus ferus przewalskii)*, Europäischer Nerz *(Mustela lutreola)* und Waldrapp *(Geronticus eremita)* im Mittelpunkt. Für alle drei gibt es ganz besondere Projekte. Dem Waldrapp bringen die Artenschützer unter Dr. Johannes Fritz mit Hilfe eines Leichtflugzeugs den Zug über die Alpen bei.

Mit diesen Filmen wird eindrucksvoll gezeigt, welchen wichtigen Beitrag zoologische Gärten zum Arten- und Naturschutz leisten.

86 __ Der Tierarzt

Unbeliebt und doch begehrt

Um es vorwegzunehmen: Zootierärzte sind bei den Tieren zumeist die unbeliebtesten Menschen. Denn leider behalten die Tiere nicht in Erinnerung, dass sie ihnen geholfen haben, aber sehr wohl, dass sie ihnen die Spritze verpasst haben.

Gelernte Tierärzte können sich zum Zootierarzt, genauer gesagt zum Zoo- und Wildtierarzt weiterbilden. Dazu müssen sie mindestens vier Jahre in einem wissenschaftlich geführten Zoo tätig gewesen sein. Danach können sie eine Fachtierarztprüfung ablegen. Unsere Zootierärztin, Dr. Sandra Marcordes, hat eine solche Spezialisierung absolviert.

Sie können sich vorstellen, dass ein Zootierarzt ein großes Spektrum abdecken muss. Er kann gar nicht alles wissen, halten wir doch von der Ameise bis zum Elefanten ein großes Artenspektrum. Deshalb ist es wichtig, dass er gut vernetzt ist und zu vielen Kollegen Kontakt hat. Daher sind wir sowohl im deutschen als auch im europäischen Zootierärzteverband Mitglied, können uns also jederzeit an Kollegen wenden. Allerdings gibt es eine weitere Schwierigkeit, denn Wildtiere kaschieren ihre Erkrankungen oftmals, um möglichst unauffällig zu bleiben.

Hin und wieder nimmt Zootierärztin Marcordes Operationen vor, beispielsweise am Zahn eines Elefanten. Meistens besteht ihre Aufgabe aber vor allem in der Prophylaxe. Zusammen mit den Kuratoren und Tierpflegern versucht sie, die Tiere erst gar nicht krank werden zu lassen, und nimmt daher regelmäßig Impfungen vor. Entwurmungen, Kot- und Blutuntersuchungen gehören ebenfalls zum Tagesgeschäft. Neu in den Bestand des Zoos aufgenommene Tiere müssen eine Quarantänezeit durchlaufen. Entsprechende Eingangsuntersuchungen verhindern die Einschleppung von Krankheitserregern. Außerdem klärt die Tierärztin schon vorher, welche Untersuchungen vor dem Transport durchgeführt werden müssen und welche Impfungen gegebenenfalls notwendig sind.

87 Tierbeschäftigung

Gegen die Langeweile

Früher wurden die Tiere im Zoo – überspitzt gesagt – morgens gefüttert, und abends wurde sauber gemacht. Das Leben im Zoo hat sich aber erfreulicherweise verändert. Wir arbeiten heute gegen die Langeweile und fordern unsere Tiere. Wie in der Natur fressen sie über den Tag verteilt, was ihrem Naturell entspricht.

Statt Tierbeschäftigung wird gern der englische Begriff »Behavioural Enrichment« verwendet. Es geht also um Verhaltensanreicherung. Mit möglichst abwechslungsreichen Beschäftigungsmöglichkeiten steigern wir das physische und psychische Wohlbefinden der uns anvertrauten Tiere.

Dem Zootierpfleger steht es heute weitgehend frei, was er den Tieren anbietet. Die Tagesabläufe der Tiere im Zoo brauchen zwar eine gewisse Routine – dennoch tun wir alles, damit Monotonie erst gar nicht aufkommt. Wir versuchen, die Tage so abwechslungsreich wie möglich zu gestalten. Es gilt, die vielfältigen und spezifischen Verhaltensweisen, die die Tiere auch in der freien Wildbahn zeigen, zu ermöglichen und anzuregen. Das Futter wird zum Beispiel versteckt oder der Fleischbrocken für den Leopard hoch in einen Baum gehängt. Um an das begehrte Futter zu kommen, muss der Leopard also klettern. Raubtieren werden komplette Tiere zum Fressen angeboten – natürlich vorher fachgerecht erlegt. Die Raubtiere können dann fast wie in der Natur fressen.

Bei den Malaienbären *(Helarctos malayanus)* verstecken wir die Nahrung in Löchern, die wir in Baumstämme bohren. Der Bär muss die alten Baumstämme aufbrechen, um an die leckere Nussnougatcreme zu gelangen. Die Tiere werden mehrfach am Tag gefüttert.

Andere Tiere, wie die Elefanten, werden so versorgt, dass sie über Nacht genügend Futter zur Verfügung haben. Bälle und andere Spielzeuge werden den unterschiedlichsten Arten geboten. Und natürlich werden soziale Tiere in entsprechenden Gruppen gehalten, um sie zu beschäftigen.

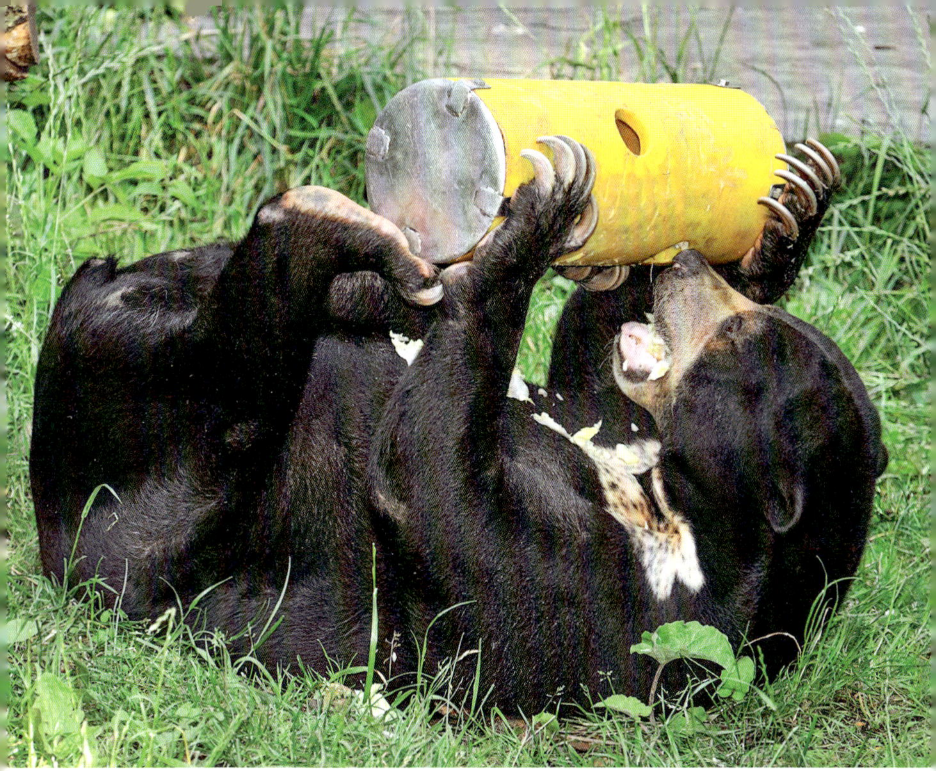

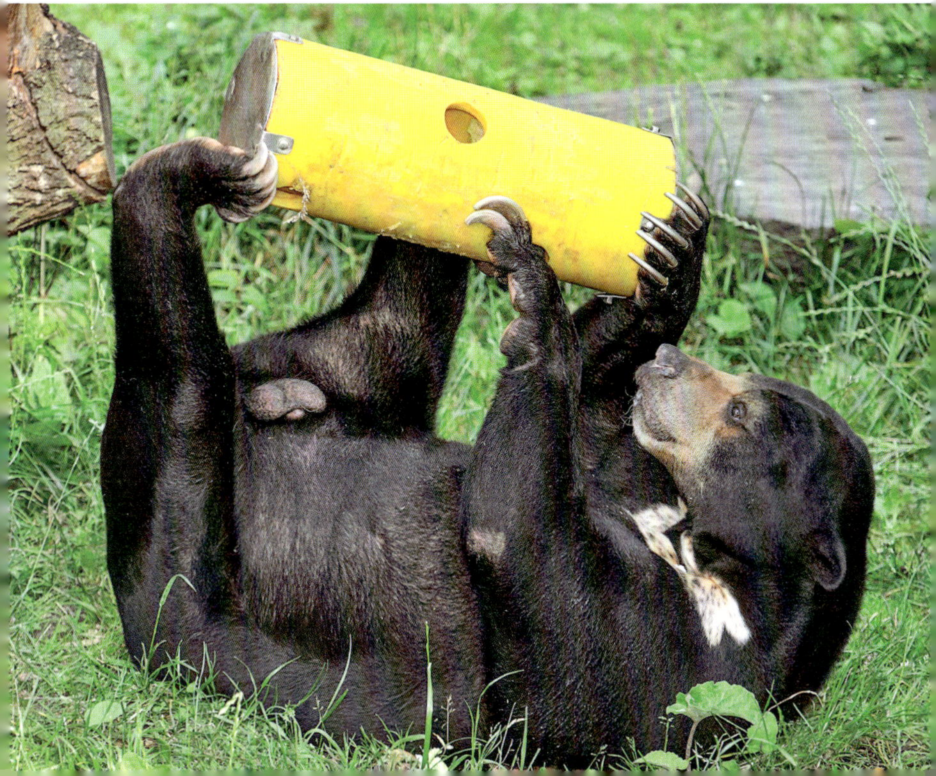

88__Die Tiergärtnerei

Mit Hediger fing es an

Wussten Sie, dass Tiergärtnerei eine eigene Wissenschaft ist? Prof. Dr. Heini Hediger (1908–1992), der als Begründer der Tiergartenbiologie gilt, sagte: »Die Tiergartenbiologie liefert einerseits die wissenschaftlichen Grundlagen für die optimale und sinngemäße Haltung von Wildtieren im Zoo und erforscht und formuliert andererseits die besonderen biologischen Gesetzmäßigkeiten, die sich aus der Tierhaltung für Tier und Mensch ergeben, kurz: sie beschäftigt sich mit allem, was im Zoo von biologischer Bedeutung ist.« Mit Hediger begann die Ära der wissenschaftlich geleiteten zoologischen Gärten. Als Teildisziplinen der Tiergartenbiologie verstehen wir heute vor allem die Zoologie – von der Systematik über die Ethologie, Ökologie, Physiologie bis hin zur Populationsgenetik –, aber auch die Veterinärmedizin, die moderne Naturschutzbiologie, die Botanik, die Humanpsychologie und die Zoopädagogik.

Hediger studierte Zoologie, Botanik, Ethnologie und Psychologie an der Universität Basel. 1932 wurde er promoviert und habilitierte 1935. Von 1938 bis 1973 war er als Zoodirektor in den Zoos von Bern, Basel und Zürich tätig. Zudem war er von 1942 bis 1953 als Professor an der Universität Basel und später 26 Jahre lang als Titularprofessor für Tierpsychologie an der Universität Zürich tätig. Er gilt als einer der großen Verhaltensforscher und Tierpsychologen seiner Zeit. Seine Werke, wie »Mensch und Tier im Zoo« oder »Zoologische Gärten. Gestern – heute – morgen«, finden bis heute Beachtung.

Zu seiner Zeit waren die Zoodirektoren vor allem Zoologen oder Veterinäre. Auf die Frage, wer denn der bessere Zoodirektor sei, antwortete Hediger sinngemäß, dass es wohl der Zoologe sein muss, denn sonst würde es ja veterinärmedizinischer Garten und nicht zoologischer Garten heißen. Dies könnte man mit einem Augenzwinkern auch auf andere Berufsgruppen übertragen.

89 __ Die Tiergehegeplanung
Wünsch dir was!

In einem wissenschaftlich geführten zoologischen Garten sind wir stets bestrebt, unsere Tiere bestmöglich unterzubringen – schließlich soll es ihnen gut gehen. Deshalb arbeiten bei Neu- oder Umplanungen viele Fachleute Hand in Hand zusammen. Neben dem Zoovorstand ist es vor allem der zuständige Kurator, der dann gefragt ist. Es wird ein Pflichtenheft erstellt und den Fachplanern und Architekten zur Verfügung gestellt. Darin wird aufgeführt, was die Tiere für ihr Wohlbefinden benötigen: Dazu zählen zum Beispiel die Luft- und Wassertemperaturen, bei Fischen die Wasserwerte, die Luftfeuchtigkeit und natürlich die Größen der jeweiligen Gehege. Auch die Ausstattung, wie Kletterbäume, Pflanzen (Vorsicht: keine giftigen Pflanzen verwenden) oder beheizte Liegeflächen, all das wird durch die Zoomitarbeiter vorgegeben. Je nach Vorhaben können solche Planungen über ein Jahr dauern.

Bei uns sitzen weitere Spezialisten am Tisch: Der Tierpfleger schaut auf die praktischen Dinge, wie die Schieberfunktion oder die Zugänglichkeit für Reinigungsarbeiten. Der technische Leiter ist das Bindeglied zwischen dem Architekten und der Zooleitung. Die Zoopädagogen versuchen von Anfang an, die Geschichten, die wir dort erzählen möchten, anzulegen. Der Inspektor achtet auf die Fragen der Arbeitssicherheit und Praxistauglichkeit. Und je nach Anlage sind natürlich die Gärtner mit am Tisch, die bei uns viel in Eigenleistung erbringen. Am Ende entsteht eine für Mensch und Tier gleichermaßen bestmöglich geeignete Anlage – vom Terrarium bis zum Hippodom.

Zudem fragen wir, je nach Tierart und Bauprojekt, natürlich auch andere Kenner. Im Europäischen Zooverband gibt es Taxon-Gruppen, die Vorgaben für die Haltung verschiedenster Tiergruppen entwickeln. Andere Möglichkeiten, Information zu bekommen, sind Gespräche mit Fachleuten aus anderen Zoos oder die Lektüre von Fachliteratur.

90_ Tierisch Kölsch

Unsere Doku-Soap

Köln steht wie kaum eine andere Stadt für gute Unterhaltung. Für Kabarett, Comedy und Karneval. Als Medienstadt. Und Stadt der Menschen, die sich gern unterhalten – und unterhalten lassen. Eine Doku-Soap aus dem Zoo der Domstadt darf da natürlich nicht fehlen. Ihr Unterhaltungswert war groß. 303 Folgen in neun Staffeln der Doku-Soap »Tierisch Kölsch – Geschichten aus dem Domstadt-Zoo« gingen zwischen 2006 und 2010 über den Sender. Ausgestrahlt wurden die gern gesehenen Folgen vom ZDF.

Jede Episode umfasste kurzweilige 45 Minuten. Ungleich länger dauerten die Dreharbeiten. Die Kameraleute, Tontechniker, Regisseure übten sich genauso in Geduld wie die Tierpfleger, Gärtner, Handwerker und Kuratoren des Kölner Zoos, die bei der Dokumentation ins richtige Bild gesetzt wurden. Waren sie doch alle »nur« der Rahmen für die wahren Stars der Serie: die großen und kleinen Zoo-Tiere. Die machen ja bekanntlich, erst recht vor der Kamera, was sie wollen. Da wundert es kaum, dass manche Einstellung mehrfach wiederholt werden musste. Klappe, die zehnte. Der Onager-Wildesel soll für die Hufpflege das Bein anheben? Esel können so stur sein. Eine schöne Einstellung vom fressenden Nilkrokodil? Echsen haben gaaaaanz viel Zeit.

Dreh-Team und Zoomitarbeiter haben die Geduldsprobe bestanden. Denn jede einzelne Folge der Doku-Reihe bot kölsches Entertainment vom Feinsten. Kaum verwunderlich, dass auch heute noch viele Menschen gern an die Reihe zurückdenken. Eine Fortführung ist nicht ausgeschlossen, muss aber, dazu ist der Zoo als gemeinnützige Einrichtung verpflichtet, von den TV-Sendern gebührend bezahlt werden. Schließlich muss der Zoo in hohem Maße zusätzliche Personalkosten aufbringen, da die drehenden Mitarbeiter ausfallen und durch Kollegen ersetzt werden müssen. Lassen wir uns also überraschen, ob für eine Doku-Soap im Zoo bald wieder die Klappe fällt.

91__Tierische Gäste

Fuchs, Krähe & Co.

Schlau wie ein Fuchs und flink wie eine Krähe: Dass die Intelligenz von Tieren keinesfalls unterschätzt werden darf, lässt sich Tag für Tag im Zoo beobachten. Und dass nicht nur bei den alteingesessenen Bewohnern, wie Trampeltier, Seelöwe und Elefant, sondern auch bei den »ungebetenen« Gäste aus der heimischen Fauna, die regelmäßig den Zoo besuchen. Füchse, Krähen und Co. wissen, dass der Tisch im 20 Hektar großen Kölner Tierparadies immer reich gedeckt ist und man selten einfacher an Nahrungsleckerli kommt als hier.

Füchse pirschen sich im Dunkeln an und prüfen, ob sich irgendwo bei den Enten oder Gänsen des Zoos ein Loch im Gehege auftut. Das Zoo-Team ist entsprechend auf der Hut, um die wertvollen Bestände bei diesen Tieren zu schützen. Auch aus der Luft gerät der Kölner Zoo ins Visier hungriger Gäste. Fischreiher wissen, dass bei den Seelöwen und Pinguinen immer wieder frischer Fisch auf den Tisch kommt. Wer kann es ihnen verdenken, dass sie da zugreifen und mit ihrem spitzen Schnabel um den Hering wetteifern. Ungemein lernfähig sind die kölschen Krähen. Sie nehmen sich, was sie an Streu- und Trockenfutter aus Enten- oder Kranichrevieren kriegen können. Schätzungsweise 60 Prozent des ausgegebenen Vogelfutters geht an zugeflogene »Mitesser«. Sie sind also ein echter Kostenfaktor, der sich Jahr für Jahr in den Bilanzen niederschlägt.

Billiger, aber nicht weniger ärgerlich ist es, wenn die Krähen rund um das Zoorestaurant auf Beutejagd gehen. Sie picken die Pommes-Reste vom Boden und gehen sogar so weit, Currywurst-Schnipsel von abgeräumten Tabletts zu räubern. Die Mitarbeiter des Zoorestaurants verscheuchen die schlauen Vögel immer wieder. Zudem bitten sie gutmeinende Zoobesucher, die die Krähenvögel füttern, dies zu unterlassen. Schließlich bringt es weder Mensch noch Tier etwas, wenn die ungebetenen Gäste im Kölner Zoo überhandnehmen. Im Gegenteil, falsches Futter schadet den Wildtieren.

92 Die Tierpfleger

Sie wissen, was sie tun!

Früher wurden die Mitarbeiter im Tierbereich eines zoologischen Gartens als Zoowärter bezeichnet, heute sprechen wir von Tierpflegern, genauer gesagt von Zootierpflegern – ein Ausbildungsberuf wie Elektriker oder Bäcker. Sie schließen eine dreijährige Ausbildung mit dem Gesellenbrief ab und können sogar eine Meisterprüfung ablegen. Es werden drei Berufsbilder unterschieden: Zootierpflege, Tierheim- und Pensionstierpflege sowie Forschung und Klinik.

In allen drei Spezialisierungen umfasst das Aufgabengebiet die fach- und artgerechte Pflege, Betreuung und Zucht von Tieren, aber mit sehr unterschiedlichen Ausrichtungen. Wird ein Zootierpfleger nach der Haltung von Schweinen gefragt, so wird er sagen, dass sie einen Innen- und Außenstall, eine Suhle und anderes benötigen. Ein Versuchstierpfleger wird mehr Wert auf die Hygiene und kontrollierte Bedingungen legen.

Uns interessieren naturgemäß die Zootierpfleger. Sie erlernen in ihrer Ausbildung die Haltung und Versorgung aller möglichen Tiere – vom Insekt bis zum Elefanten. Sie arbeiten später in zoologischen Gärten und Wildparks. Wichtige Themen in der Ausbildung sind die Errichtung und Wartung der Gehege sowie die Fütterung und Pflege der Tiere. Grundkenntnisse in der Anatomie von Tieren und Aspekte ihres Transports ergänzen das Spektrum. Zootierpfleger ist ein sehr vielfältiger Beruf, zu dem auch die Öffentlichkeitsarbeit gehört. Schon in den Prüfungen wird das Besuchergespräch gefordert. Die Tierpfleger führen heute kommentierte Fütterungen durch und engagieren sich stark in Sachen Tierbeschäftigung (siehe Kapitel 87). Die meisten Zoos haben 365 Tage im Jahr geöffnet, also müssen Tierpfleger regelmäßig an Wochenenden und Feiertagen arbeiten. Und wenn es das Tier benötigt, dann dauert die Arbeit eben auch einmal länger. Doch dafür haben die meisten Tierpfleger ihr Hobby zum Beruf gemacht.

93 __Der Tiertransport
Wie befördert man Elefanten?

In einem zoologischen Garten stehen regelmäßig Tiertransporte auf dem Programm. Sie werden im Kölner Zoo von einem Kurator geplant. Je nach Art und Reisestrecke nutzen wir professionelle Wildtiertransporteure oder schicken unser eigens zum Transport von Tieren geschultes Personal mit auf Reisen.

Es gilt, zahlreiche Vorschriften zu beachten, insbesondere die veterinärmedizinischen Anforderungen bei Grenzübertritten sind stets zu prüfen. Gehen die Tiere mit dem Flugzeug auf Reisen, dann müssen die Regeln der International Air Transport Association, der Internationalen Luftverkehrs-Vereinigung, beachtet werden. Vor allem den Live Animals Regulations, den Regeln für den Transport von lebenden Tieren, ist zu folgen. Eine Besonderheit ist, dass Transportkisten für den Lufttransport immer eine Jauchewanne brauchen, die verhindert, dass Urin ins Flugzeug laufen kann.

Für den Landverkehr werden heute vielfach Spezialtransporter und/oder klimatisierte Fahrzeuge eingesetzt. Die Fahrzeuge müssen in der Regel von der Veterinärbehörde zum Transport zugelassen werden.

Wurden die Tiere früher gefangen und in eine Kiste gepackt, so führen wir heute in der Regel zur Vorbereitung ein wochenlanges Kistentraining durch. Dies gilt auch für Elefanten, die so nach und nach Vertrauen aufbauen. Meist sperren wir sie zum Ende der Trainingsphase in den Kisten bereits kurzfristig ein und füttern sie dort. Dadurch lernen sie, dass ihnen nichts passiert. Ist es dann so weit, dann gehen sie selbstständig in die Kiste – und ab geht es. In den meisten Fällen werden sie mit Hilfe eines Schwerlastkrans auf einen Tieflader gehoben. Unsere Kisten haben in etwa die Maße 400 Zentimeter Länge, 180 Zentimeter Breite und 280 Zentimeter Höhe. Es passen maximal vier Elefantenkisten in die größten Flugzeuge. Mehr können also per Flugzeug nicht zeitgleich transportiert werden.

94__Unfall an der Zoomauer

Chef, da ist ein Loch in der Mauer!

Im Kölner Zoo wohnten früher, wie in vielen anderen zoologischen Gärten auch, der Direktor und einige Mitarbeiter auf dem Gelände. Das gehörte einfach dazu. Im Kölner Zoo hatten die Direktoren bis 2017 Residenzpflicht. In diesem Jahr wurde der Vertrag von Prof. Pagel geändert, und er musste mit seiner Familie nicht mehr dort wohnen. Die alte Direktorenvilla aus dem Jahre 1865 war für seine Frau und ihn nach dem Auszug der Kinder einfach zu groß. Dort zu wohnen, hatte viele Vorteile, aber auch Nachteile: Man lebte dort gewissermaßen öffentlich. Tagsüber spazierten unzählige Besucher durch den Vorgarten, und, damit nicht genug, außerdem führte ein Betriebsweg hinten am Haus vorbei, den die Mitarbeiter regelmäßig nutzten.

Auch sonst hatten die Direktoren nicht wirklich ihre Ruhe, denn wenn der Nachtwächter etwas bemerkte, dann klingelte er natürlich prompt an der Haustür. Und tagsüber war man natürlich auch an seinem freien Tag immer Ansprechpartner für jegliche Probleme. So geschah es auch an einem Neujahrsmorgen. Prof. Pagels private Silvesterfeier mit Gästen war seit geraumer Zeit vorüber und die ganze Familie längst eingeschlafen, als es an der Haustür klingelte. Noch schlaftrunken stand Prof. Pagel in der Tür und sah den betagten Nachtwächter. Der sagte: »Chef, da ist ein Loch in der Mauer!« Prof. Pagel dachte kurz nach, ob es am Alkohol liegen könne oder er sich verhört hatte. Aber der Nachtwächter wiederholte: »Chef, da ist ein Loch in der Mauer!« Noch alles andere als wach, aber in helle Aufregung versetzt, ging der Zoodirektor der Sache nach. Bald stellte sich heraus, dass eine junge Frau bei Glatteis die Kontrolle über ihr Fahrzeug verloren und mit so hoher Geschwindigkeit in die äußere Begrenzungsmauer gefahren war, dass ein Loch in selbiger klaffte und ein Teil des Autos darin steckte. Glücklicherweise war aber niemandem etwas passiert, zu Schaden gekommen war nur das Autoblech.

95__Die Universitätsarbeit

Das Gehege als Seminarraum

Der Kölner Zoo ist, was die Bildung anbelangt, vom Kindergarten bis zur Erwachsenenbildung tätig. Und natürlich können auch Studierende viel vom Zoo lernen. Früher war allein der Zoodirektor an der Universität zu Köln im Fach Biologie tätig. Später gesellten sich andere Mitarbeiter hinzu. Heute sind Prof. Pagel und Prof. Dr. Ziegler als Modulbeauftragte tätig. Letzterer lehrt zudem in Bonn und in Vietnam. Beide werden durch die Kuratoren, eine Zoopädagogin und eine Tierärztin unterstützt.

Neben der Beteiligung an dem Modul »Einführung in die Biodiversität«, wo wir den Bereich von den Amphibien bis zu den Säugetieren abdecken, bieten wir das »Tiergartenbiologiemodul« an. In diesem Seminar erhalten die Studierenden vertiefte Kenntnisse zur Formenvielfalt und Systematik sowie Ökologie und Ethologie ausgewählter Wirbeltiergruppen. Und damit natürlich auch über die daraus resultierenden Anforderungen an die Tierhaltung. Vermittelt wird zudem die Bedeutung von Zoos im internationalen Naturschutzmanagement und im Bereich der Umweltbildung. Bei beiden Kursen stehen für die Studenten selbstverständlich die Tiere im Zentrum – und die Frage, wofür zoologische Gärten heute stehen, was sie tun und warum sie so wichtig sind. Gelehrt wird nicht in der Universität, sondern im Zoo, und das nicht nur im Unterrichtsraum, sondern am Gehege, im direkten Kontakt mit den Tieren.

Obendrein bieten wir ein Seminar mit dem Titel »Aktuelle und gesellschaftsrelevante Aspekte der Biologie« mit dem provokanten Thema »Moderne Zoos: Tiergefängnis oder Artenschutzzentren?« an. Wir diskutieren mit den Studenten das Pro und Contra und hinterfragen uns so regelmäßig selbst; ein nicht nur für die Studenten, sondern auch für uns lehrreiches Seminar. Die Akzeptanz und die Erkenntnis, dass wissenschaftlich geführte zoologische Gärten immer wichtiger werden, überwiegen bei Weitem.

96_Das Urwaldhaus

Menschenaffen unter sich

Das Urwaldhaus war zu seiner Eröffnung 1985 ein »Meilenstein«, insbesondere für die Menschenaffenhaltung in Köln. Die rund 2.200 Quadratmeter große und elf Meter hohe Acrylglashalle ist derzeit die Heimat von Borneo-Orang-Utans *(Pongo pygmaeus)*, Westlichen Flachlandgorillas *(Gorilla gorilla gorilla)*, Bonobos beziehungsweise Zwergschimpansen *(Pan paniscus)*, Bären-Stummelaffen *(Colobus polykomos)*, Schwarzer Haubenlanguren *(Trachypithecus auratus)*, Rotschenkeligen Kleideraffen *(Pygathrix nemaeus)*, Weddelltamarinen *(Saguinus fuscicollis weddelli)* und Zwergseidenäffchen *(Cebuella pygmaea)*. Es wurde in abgewandelter Form den Affenhäusern in Hannover und Krefeld nachempfunden.

Zuvor waren die Menschenaffen im alten Vogelhaus von 1899 untergebracht, welches renovierungsbedürftig war und nicht mehr unseren Ansprüchen genügte. Mit der finanziellen Unterstützung des 1982 gegründeten Fördervereins »Freunde des Kölner Zoos« (siehe Kapitel 28) konnten wir das ehrgeizige Projekt zum 125-jährigen Jubiläum am 7. Juni 1985 eröffnen. Die Bausumme betrug 6,5 Millionen Deutsche Mark.

In der Sonderausgabe der Kölner Zoozeitschrift von 1985 ist nachzulesen: »Das Urwaldhaus ist nichts anderes als ein großes Treibhaus. In die Pflanzungen sind Tieranlagen so eingebettet, als begegne er den Tieren auf einer Lichtung im Urwald. Die Urwaldatmosphäre fördert zweifellos das Wohlbefinden der Tiere, was sich schon nach wenigen Wochen sichtlich auf Haut- und Fellbeschaffenheit auswirkte.« Mittlerweile haben wir die Treppen für die Besucher, die bis zu den großen Scheiben vor den Gehegen führten, fast überall durch Pflanzungen ersetzt, sodass die Tiere mehr Intimsphäre haben.

Alle Affenarten in Urwaldhaus haben regelmäßig Nachwuchs und sind ein wertvoller Bestandteil der entsprechenden Erhaltungszuchtprogramme. Zudem fördern wir Schutzprojekte für alle drei gehaltenen Menschenaffenarten.

97 Die Verbände

Global organisiert

Zoologische Gärten sind keine Einzelkämpfer. Vielmehr arbeiten die modernen, wissenschaftlich geleiteten Zoos geplant, organisiert und vernetzt. Der Kölner Zoo ist unter anderem Mitglied im Verband der Zoologischen Gärten (VdZ), dem Zusammenschluss zoologischer Gärten aus Deutschland, Österreich und der Schweiz, dem aktuell 71 Zoos angehören. Der traditionsreiche Verband hat seinen Sitz im Bundespressehaus in Berlin.

Neben nationalen gibt es natürlich auch regionale und kontinentale Zooverbände, in Nordamerika, Südamerika, Australien und auch in Europa. Der Kölner Zoo ist im Europäischen Zooverband (EAZA) Mitglied. Zudem gibt es einen Weltzooverband (WAZA), dem wir ebenfalls angehören. Diese Verbände setzen sich nicht nur für zoologische Gärten ein und sorgen für ein nationales und internationales Netzwerk, sondern stellen auch das Grundgerüst unserer Arbeit, die regionalen und globalen Erhaltungszuchtprogramme (siehe Kapitel 25). Die so organisierten zoologischen Gärten sind wissenschaftlich geleitete Einrichtungen. Unsere gemeinsame Arbeit beruht auf den gleichen Grundsätzen, sowohl ethisch als auch fachlich.

Im Europäischen Zooverband gibt es Spezialisten für die unterschiedlichen Taxa. Mit diesem Begriff bezeichnen wir in der Systematik der Biologie eine bestimmte Gruppe von Tierarten. Die Fachmänner und -frauen stellen Haltungsanforderungen auf und kümmern sich intensiv um die jeweiligen Tiergruppen.

Der Weltzooverband hat unter anderem eine Welt-Zoo-und Aquarium-Naturschutzstrategie (siehe Kapitel 26) und eine Welt-Zoo-und Aquarium-Tierschutzstrategie formuliert, die uns als Leitlinie und Vorbild dienen.

Derzeit ist Prof. Theo B. Pagel in allen drei genannten Verbänden im Vorstand tätig, seit November 2019 als Präsident des Weltzooverbands. Somit ist der Kölner Zoo maßgeblich an der Gestaltung der Tiergärtnerei beteiligt und bestens verknüpft.

98_ Vietnam und Laos

Aktiver Artenschutz in Asien

Seit 1999, der Zeit des Baus des Tropenhauses, ist der Kölner Zoo in Vietnam und seit einigen Jahren auch in Laos äußerst aktiv in Sachen Naturschutz. Zusammen mit verschiedenen Partnern, allen voran Dr. Truong Son Nguyen vom Institute of Ecology and Biological Resources, arbeiten wir intensiv im Bereich der Biodiversitätsforschung. Am Anfang waren wir in Zentralvietnam, in der Gegend von Phong Nha-Kẻ Bàng, tätig. Als wir seinerzeit begannen, gab es dort ein Naturreservat, das, nicht zuletzt durch die Ergebnisse unserer Arbeit, zum Nationalpark und letztlich sogar zum Weltkulturerbe ernannt wurde. Dort arbeiteten viele Jahre unterschiedlichste Biologen sehr erfolgreich für uns. Wir bauten eine Auffang- und Auswilderungsstation für konfiszierte Tiere auf. Es gelang uns erfolgreich, in Fallen gefangene, verletzte Tiere gesund zu pflegen und viele davon wieder auszuwildern. Eine spezielle Rangertruppe sorgte für stärkeren Schutz im Nationalpark. Ein fast 20 Hektar großer Hügelbereich wurde eingezäunt, in dem Hatinh-Languren *(Trachypithecus hatinhensis)* auf die später Wiederauswilderung vorbereitet wurden. Die Tiere stammten aus dem damals von dem deutschen Primatologen Tilo Nadler geführten Endangered Primate Rescue Center aus dem Nationalpark Cúc Phương, welches wir ebenfalls jahrelang unterstützt haben.

Heute sind wir in vielen Gegenden von Vietnam und Laos aktiv. Es geht nicht nur um die Entdeckung neuer Arten (siehe Kapitel 26), sondern vielmehr um die Erforschung ihrer Ökologie und Bestandsentwicklung. Wir wollen geeignete Maßnahmen entwickeln, um diese Arten in ihren natürlichen Lebensräumen schützen zu können und ihr Überleben zu sichern. Ein weiterer Fokus liegt auf der Mê-Linh-Station für Biodiversität im Norden Vietnams. Wir waren maßgeblich an ihrem Aufbau und der Aufnahme konfiszierter Tiere sowie ihrer Haltung, Nachzucht und Erforschung beteiligt. Zudem konnten wir bereits nachgezüchtete Tiere zurückführen.

99__Die Völkerschau

Ein Kind seiner Zeit

Heute verstehen wir Völkerschauen als ein düsteres Kapitel der Zooge-schichte – und gerade deswegen sollen sie nicht verschwiegen werden.

Der Tierhändler Carl Hagenbeck wiederbelebte in der zweiten Hälfte des 19. Jahrhunderts die sogenannten Völkerschauen. Es wurden Menschen aus jenen Gebieten nach Europa geholt, wo er seine Tiere für den Handel fing. Es ist bekannt, dass Zoos diesem Ansinnen erst zögerlich gegenübertraten, doch das Interesse des Publikums, der völkerkundliche Fokus und sicherlich auch die finanziellen Aspekte zu einem Umdenken führten. Nicht nur in Köln, auch anderenorts waren Völkerschauen bei den Besuchern äußerst beliebt. Heute weiß man, dass die »Qualität« der Völkerschauen, vor allem aber die Behandlung der Mitwirkenden sehr unterschiedlich war.

Es ist nachzulesen, dass den Besuchern das jeweilige Leben der »Exoten« nähergebracht werden sollte – bedenken Sie, dass es noch kein Fernsehen und nicht die Informationmedien gab, die wir heute kennen. Es wurden ganze Dörfer und das Leben in ihnen nachgestellt, Volkstänze aufgeführt und handwerkliche Tätigkeiten durchgeführt.

Das alles ist heute kaum mehr vorstellbar. Allerdings besuchen auch heute noch viele Touristen in Afrika oder Australien Dörfer und lassen sich Tänze und Rituale vorführen.

Zurück nach Köln und seiner Völkerschau-Historie. Die erste fand 1878 statt. Gezeigt wurde eine sechsköpfige Eskimofamilie. Sie war 1877 auf Initiative von Carl Hagenbeck in Nordgrönland angeworben und gegen Gage auf Tournee durch viele europäische Zoos geschickt worden. Fünf weitere folgten, bevor 1932 die letzte Schau im Kölner Zoo stattfand. 20 Aschanti, ein Volk aus dem ehemaligen Deutsch-Togo, zeigten zusammen mit Arabern und Ägyptern kleine Kunststücke, einen Basar und eine arabische Mokkastubbe. Die Zuschauerresonanz war spärlich – und die Zeit der Völkerschauen damit endlich beendet.

100___Was bedeutet artgerecht?

Antilopen für die Löwen?

Was bedeutet eigentlich artgerecht? Der verstorbene Direktor des Zoos Duisburg, Dr. Wolfgang Gewalt, hat einmal – mit einem Augenzwinkern – gesagt, dass Tiere überhaupt nicht wissen, was »artgerecht« ist. Denn wieso lassen sich Rauchschwalben *(Hirundo rustica)* sonst auf Telegrafenleitungen nieder, und warum brüten andere Vögel unmittelbar an menschlichen Behausungen? Sie müssten doch auf Ästen sitzen und im Wald brüten! Das lassen wir einfach mal so stehen.

Artgerechte Tierhaltung, eine am Tierwohl orientierte Haltung, wurde zuerst in der Nutztierhaltung diskutiert. In der Landwirtschaft geht es auch um das Wohlergehen, vor allem aber um die Leistungsfähigkeit der Tiere. Diesem Zweck dienen besondere Futtermittel, die Anwendung von Tierarzneimitteln sowie die Vorbeugung und Bekämpfung von Tierseuchen.

Hinsichtlich der Haltung von Wildtieren in menschlicher Obhut sprechen wir dagegen bevorzugt von »verhaltensgerechter« Haltung. Denn artgerecht im engeren Sinne würde bedeuten, dass man Eisbären *(Ursus maritimus)* mit Robben und Löwen *(Panthera leo)* mit lebenden Antilopen füttert. Für das Tier selbst ist es vor allem wichtig, natürliche Verhaltensweisen ausleben zu können. Daher halten wir sozial lebende Tiere selbstverständlich in entsprechenden Gruppen. Tiere, die wie Orang-Utans Schlafnester bauen, sollen dazu auch in Menschenhand Gelegenheit haben. Dabei müssen es keine Tropenblätter sein, mit denen sie ihre Nester bauen, ein Jutesack tut es auch.

Bei Raubtieren hat sich die sogenannte Ganzkörperfütterung bewährt. Dabei verhalten sich die Raubtiere wie beim Beutefang. Sie zeigen den Tötungsbiss, schärfen das Tier auf – sie zerteilen es – und verzehren es im wahrsten Sinne des Wortes mit Haut und Haaren. Blätterfressende Giraffen erhalten belaubte Äste und setzen so gezielt ihre Zunge ein. Die Beispiele ließen sich beliebig weiterführen.

101__Was ist das Lieblingstier des Zoodirektors?

Na, welches denn?

Die Frage »Was ist Ihr Lieblingstier?« wird wohl jedem Zoodirektor und -mitarbeiter regelmäßig gestellt. Sicher hat jede Kollegin und jeder Kollege eine andere Antwort auf diese Frage. Pagels Standardantwort lautet: »Ich habe jeden Tag ein anderes.« Das stimmt grundsätzlich auch, denn durch Bauprojekte, Jungtiere und verschiedene Umstände gelangen immer wieder andere der rund 850 bei uns gehaltenen Tierarten in seinen speziellen Fokus. Wenn man sich intensiver mit einer Art beschäftigt, dann weckt sie logischerweise mehr Interesse.

Wenn man die Frage generell betrachtet, dann muss Pagel einräumen, mehrere Lieblingstierarten zu haben. Unter den Reptilien sind dies der nach ihm benannte Bogenfingergecko *(Cyrtodactylus pageli)* und der von ihm in seinem Büro gehaltene Stachelskink *(Egernia stokesii)* (siehe Kapitel 79). Aus dem Vogelreich ist es eindeutig der Balistar *(Leucopsar rothschildi)*, für den Prof. Pagel bereits zu Studienzeiten ein Erhaltungszuchtprogramm gegründet hat. Dieser herrliche weiße Starenvogel aus Bali fasziniert ihn bis heute (siehe Kapitel 7). Unter den Säugetieren wird es dann schwierig, denn da gibt es gleiche mehrere zu nennen. Schon als kleiner Junge zählte er den Kurzkrallen- oder Zwergotter *(Aonyx cinerea)* zu seinen Lieblingstieren. Die ersten sah er übrigens in einem Privatzoo, wo er sie sogar anfassen konnte. Kein Wunder, dass die Art nach dem Bau des Kölner Tropenhauses sofort einzog und bis heute erfolgreich gezüchtet wird. Zudem ist der Asiatische Elefant *(Elephas maximus)* zu nennen. Er begeistert Pagel so sehr, dass er vor wenigen Jahren beschloss, das Kuratorium im Kölner Zoo selbst zu übernehmen. Ihr Sozialverhalten und ihr Charisma sind einzigartig. Und natürlich darf er seine Hunde, einen Korthals-Griffon und einen Kurzhaardackel, nicht vergessen. Die beiden »Jungs« gehen mit ihm nämlich durch dick und dünn.

102 Wasserbüffel & Co.

Wenn der Zoo Amtshilfe leistet

Nein, ein gewöhnlicher Arbeitstag war er nicht, der 14. Mai 2018. Er begann für einen Teil der Zoomitarbeiter sehr früh. Um ein Uhr nachts war der Kölner Zoo von der Polizei gebeten worden, bei einem ungewöhnlichen Rettungseinsatz Hilfe zu leisten.

Was war passiert? Wasserbüffel waren aus einer privaten Haltung entlaufen und auf die nahegelegene Autobahn A3 geraten. Wasserbüffel? Wasserbüffel! Glücklicherweise erkannten die Autofahrer die tonnenschweren Tiere trotz Dunkelheit rechtzeitig und bremsten. Ein Lkw-Fahrer stellte sein Fahrzeug absichtlich quer, sodass einerseits die Büffel nicht weiterkonnten – und andererseits der Verkehr gestoppt wurde. Doch wie nun die Kuh vom Eis beziehungsweise die Wasserbüffel von der A3 bringen?

Ganz einfach: Zoodirektor, Zootierärztin und Kurator nachts aus dem Schlaf klingeln, Betäubungsmittel aus der Zoopraxis holen und damit die Büffel fachgerecht sedieren. Viehtransporter bestellen und Autobahn räumen. Gesagt, getan. Nach etwa sechs Stunden Arbeit konnten die Verkehrswege morgens um sieben Uhr wieder freigegeben werden.

Auch bei anderen Gelegenheiten greifen Behörden gern auf die Expertise des Zoos zurück. Vor allem der Zoll braucht immer wieder Amtshilfe. Denn mehr und mehr greift der illegale Wildtierschmuggel mit seltenen Amphibien, Echsen, Vögeln und Kleinsäugern um sich. Immer häufiger kommt es vor, dass Zoomitarbeiter an den Flughäfen Köln oder Frankfurt die Erstbestimmung entkräfteter Tiere vornehmen müssen, die illegal in viel zu kleinen Taschen aus Übersee geschmuggelt wurden. Der Zoo steht mit Rat und Tat zur Seite und vermittelt Anlaufstellen und Kontakte zur Aufnahme der unfreiwilligen Touristen. Wenn Platz und Manpower da ist, nimmt der Zoo die Tiere sogar auf, um sie aufzupäppeln und ihnen ein artgerechtes Leben zu ermöglichen. Praktische Hilfe – aus Begeisterung für Tiere!

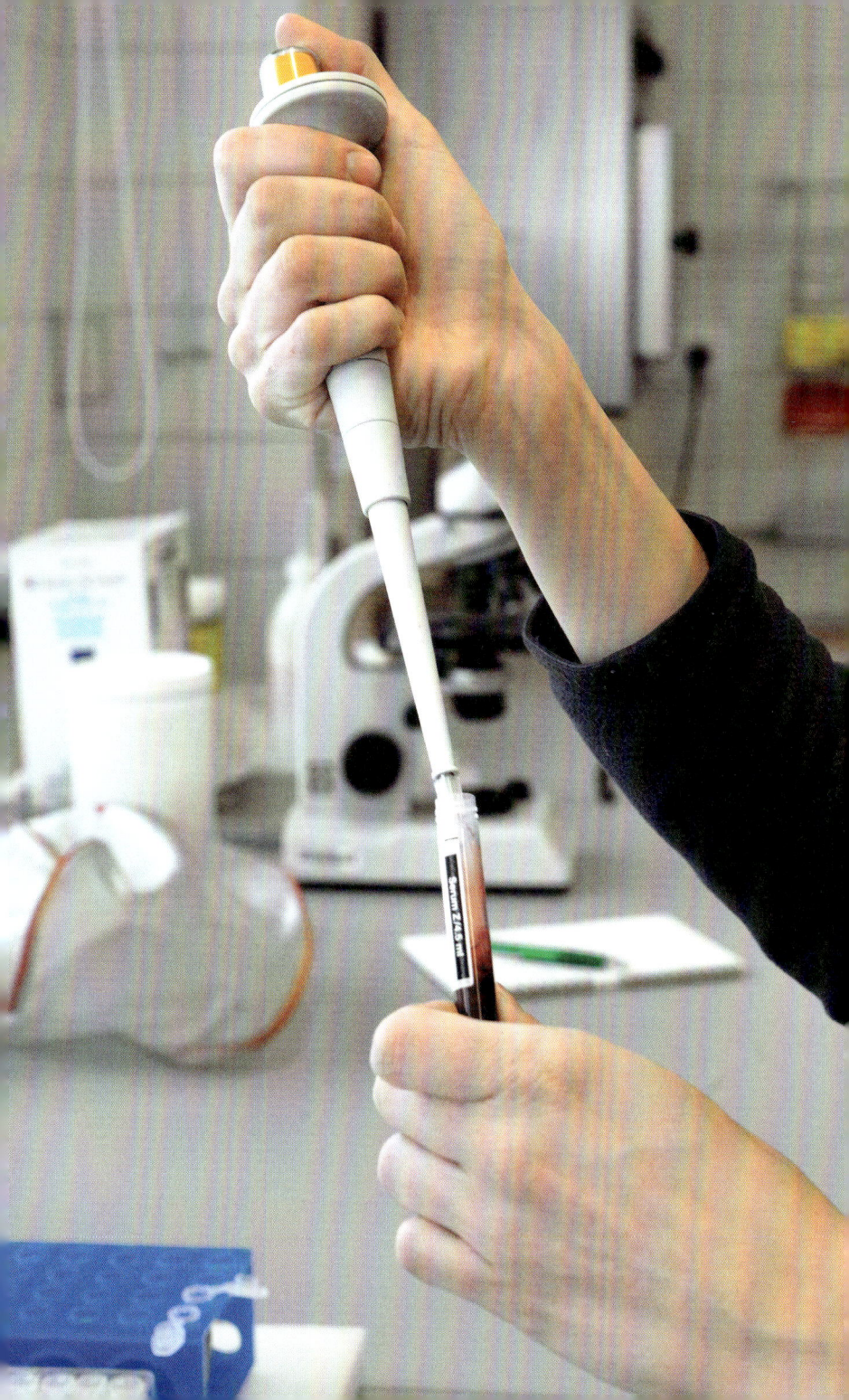

103__Die Wechselkröte
Die gemeinsame Krötenrettungsaktion

Bei der Traditions- und Brauchtumspflege geht Köln vereint voran. Der Zoo hält es da natürlich nicht anders. Für die bedrohte heimische Wechselkröte, die in Deutschland vor allem in der Kölner Bucht vorkommt, hat er wichtige Partner zusammengebracht, die sich für den Erhalt der gepunkteten Echsen starkmachen. Das tut not, denn die kölsche Kröte ist dringend auf Hilfe angewiesen. Die kleinen Springteufel brauchen Kiesgruben und andere schütter bewachsene Flächen mit grabbaren Böden und geeigneten Laichgewässern. Diese Lebensräume müssen von Menschen gepflegt werden, sonst wachsen sie zu. Einige sind durch die fortschreitende Siedlungsentwicklung bereits verschwunden. Die verbliebenen Habitate sind meist voneinander abgeschnitten, sodass kein genetischer Austausch stattfindet.

In Zusammenarbeit mit der Naturschutzstation Leverkusen, den Universitäten Braunschweig und Köln werden die noch vorhandenen Bestände der Wechselkröte systematisch erfasst. Von den Tieren werden regelmäßig Proben genommen, die sowohl auf mögliche Krankheitserreger als auch auf ihre Genetik hin untersucht werden. Gemeinsam mit den Stadtentwässerungsbetrieben Köln eröffneten die kooperierenden Partner 2019 zudem eine Aufzuchtstation samt Dauerausstellung im Aquarium des Kölner Zoos, wo die Besucher über das Thema informiert werden. Schon bald konnten die von den Kölner Aquariumsexperten professionell in der Aufzuchtstation aufgezogenen Kaulquappen als kräftige, wohlgenährte Kröten wieder in die Natur im Kölner Umland entlassen werden. Stolz sind wir alle darauf, dass die »Krötenrettungsaktion« als offizielles Projekt der UN-Dekade Biologische Vielfalt ausgezeichnet wurde. Das gemeinsame Ziel lautet auch weiterhin, die natürlichen Bestände entscheidend zu stärken. Vereint handeln für die kölsche Kröte also, damit sie in Kölle eine Zukunft hat – der Kölner Zoo tut was!

104_ Der weiße Elefant

Auf Grzimeks Spuren

In Asien werden sogenannte weiße Elefanten sehr hoch angesehen. Sie gelten als Symbol der Macht und gewissermaßen als heilig, gleich ob in Thailand oder auf Sri Lanka. Nicht ohne Grund schmückte ein weißer Elefant bis zum Anfang des 20. Jahrhunderts die Flagge Thailands, das damals noch Siam hieß.

Prof. Dr. Bernhard Grzimek, der berühmte Tierfilmer, Oscar-Gewinner und Zoodirektor von Frankfurt, war bekannt für seine unorthodoxen Methoden. Im April 1948 kündigte er an, dass ein weißer Elefant aus Burma auf der Durchreise nach Skandinavien sei und im Frankfurter Zoo Station mache. In dieser Zeit, noch ohne die digitalen Medien von heute, war das eine Sensation. Und tatsächlich sahen die zahlreichen Besucher des Frankfurter Zoos den sagenumwobenen weißen Elefanten. Aber natürlich war das kein richtiger weißer Elefant. Vielmehr hatte Grzimek einen seiner asiatischen Elefanten weiß anstreichen lassen – es handelte sich um einen Aprilscherz. Doch das Publikum glaubte Grzimek und war mehr als beeindruckt. Der Frankfurter Zoodirektor war seiner Zeit voraus: Marketing ist alles.

Und genau diese Geschichte wurde im Kölner Zoo nachgestellt. Der Kölner Filmproduzent Thomas Weidenbach drehte einen Dokumentarfilm über Prof. Grzimek unter dem Titel »Der Mann, der die Serengeti rettete«. Er wurde 2005 auf Arte und im ZDF ausgestrahlt. Oliver Broumis verkörperte den jungen Bernhard Grzimek. Der damalige Kölner Zoodirektor, Prof. Nogge, willigte ein, und so wurde der Kölner Elefant Savani für die Dreharbeiten weiß angemalt, wie damals in Frankfurt, natürlich mit Schlämm-kreide, die dem Tier nicht schadete und unmittelbar danach wieder entfernt wurde. Selbst in Köln staunten die Besucher nicht schlecht, als ein »indischer Mahout«, Brian Batstone, einer unserer Elefantenpfleger, in traditionellem Gewand mit einem weißen Elefanten durch das Gehege ging.

105 Die Werkstatt

Helfer in höchster Not

So ein Zoo ist eine kleine Welt für sich. Mit Häusern und Gartenanlagen. Büros und Toiletten. Menschen und Tieren. Wie in der richtigen Welt geht auch im Zoo, logo, ab und an etwas kaputt. Zur Stelle ist dann das rund zehnköpfige Werkstatt-Team, bestehend aus Tischlern, Malern, Maurern, Schlossern und Elektrikern. Allround-Fähigkeiten und individuelle Lösungen sind ihre Stärken. Und müssen es auch sein. Denn die Werkstattarbeiten im Zoo sind oftmals alles andere als alltäglich.

Die Pampashasen haben den Holzboden in ihrem Unterstand angeknabbert? Die Werkstatt kommt und macht alles »niet- und nagerfest«. Die Elefanten-Dickschädel haben die Steinquader auf ihrer Außenanlage verschoben? Das Werkstatt-Team rückt alles wieder ins Lot. Im Aquarium droht ein Stromausfall? Der Elektriker hält mit dem vorsorglich vorinstallierten Notaggregat Becken, Terrarien und ihre Bewohner auf den lebenswichtigen tropischen Temperaturen.

Tiertransporte können die Zoo-Handwerker schon mal auf Betriebstemperatur bringen. So sorgten einst die gerade angekommenen Spitzmaulnashörner *(Diceros bicornis)* für einen Nachtschichteinsatz des flinken Werkstatt-Trupps. Im Gegensatz zu ihren Vorgängern, den eher gemütlichen Panzernashörnern *(Rhinoceros unicornis)*, schafften es die Neuankömmlinge, die Gitterstäbe der Anlage zu verbiegen – und damit ihres Zweckes zu berauben. Kurzzeitig mussten sie zurück in ihre Transportkisten, um dem Werkstatt-Team Zeit zu geben, die Gitter mit Zwischenbalken zu verstärken.

Nicht nur die Tiere, sondern Menschen stellen die Zoo-Handwerker vor abwechslungsreiche Aufgaben. Die zahlreichen Besucher-Toiletten müssen genauso in Schuss gehalten werden wie die Dusch- und Umkleideräume für die Mitarbeiter. Es gilt, die Lautsprecheranlagen zu warten und die Schaukeln auf dem Spielplatz in Schwung zu halten. Ein Allround-Job eben – in einer kleinen Welt für sich!

106 Die Wiederausbürgerung
Zurück in die Wildnis

Die Wiederausbürgerung verschiedenster Tierarten stellt heute praktisch kaum noch ein großes Problem dar. Vielmehr gilt es sicherzustellen, dass die Habitate und damit die Tiere tatsächlich geschützt werden. Es gibt bereits eine Vielzahl an Arten, die nur durch das Engagement zoologischer Gärten gerettet wurden.

Als Beispiele für Wiederansiedlungsprojekte im deutschsprachigen Raum seien folgende Arten genannt: Alpensteinbock *(Capra ibex)*, Bartgeier *(Gypaetus barbatus)*, Europäischer Biber *(Castor fiber)*, Habichtskauz *(Strix uralensis)*, Uhu *(Bubo bubo)* und Wisent *(Bos bonasus)*. Als Beispiele für außereuropäische Arten seien angeführt: Arabische Oryx *(Oryx leucoryx)*, Goldgelbes Löwenäffchen *(Leontopithecus rosalia)*, Mendesantilope *(Addax nasomaculatus)*, Säbelantilope *(Oryx dammah)* und Spitzmaulnashorn *(Diceros bicornis)*.

Der Kölner Zoo hat verschiedene Tierarten zur Wiederausbürgerung zur Verfügung gestellt, darunter Moorenten *(Aythya nyroca)*, Goldgelbe Löwenäffchen und Przewalski-Pferde *(Equus ferus przewalskii)*. Für letztere Art laufen seit den 1990er Jahren mehrere Projekte zur Wiederansiedlung in ihrem ehemaligen Verbreitungsgebiet. Bereits 1992 wurden die ersten Tiere in den Südwesten der Mongolei geflogen. Ab 1997 wurden sie im Großen Gobi-B-Schutzgebiet ausgewildert. Im Nationalpark Chustain Nuruu, im Zentrum der Mongolei, gibt es ein weiteres Projekt. Zwischen 1992 und 2000 wurden dort 84 Tiere ausgesetzt. Sie haben sich mittlerweile vermehrt, und der Bestand umfasst mehr als 200 Tiere. Ein Semi-Wildreservat unterstützt der Kölner Zoo in Ungarn. In der Hortobágy-Puszta laufen mittlerweile fast 300 Przewalski-Pferde. Es ist überaus beeindruckend, die Tiere dort zu beobachten. Wir erforschen dort ihre Nahrungsökologie und ihre soziale Organisation. Die daraus gewonnenen Erkenntnisse wollen wir in die anderen Projekte einfließen lassen. Auch hier hat der Kölner Zoo Pionierarbeit geleistet.

107___Zieglers Entdeckergeist

Der Indiana Jones vom Rhein

Indiana Jones gibt es nur im Fernsehen? Nein, sein Vetter arbeitet im Kölner Zoo. Denn wenn es um Abenteuer- und Entdeckergeist geht, muss sich Prof. Dr. Thomas Ziegler, Kurator des Aquariums im Kölner Zoo, hinter dem Kinohelden mit Sicherheit nicht verstecken. Bereits 103 Arten hat der international angesehene Reptilienexperte entdeckt und als Erster wissenschaftlich beschrieben. Dafür kann man den Indiana-Jones-Hut nicht tief genug ziehen. Denn vor dem Aussterben schützen lässt sich nur, was man – na logo – kennt und worüber man möglichst viel weiß. Jede Entdeckung und Erstbeschreibung ist daher gelebter Artenschutz – wie ihn der Kölner Zoo in vielen anderen Projekten massiv vorantreibt.

Der größte Teil von Thomas Zieglers Entdeckerabenteuern entfällt auf die Weiten der tropischen Regenwälder Südostasiens. Im Dschungel von Vietnam und Laos kennt sich der seit 2003 für das Aquarium verantwortliche Biologe fast besser aus als in der Wahner Heide oder in Köln. Nach Südostasien reist Ziegler, der als Professor an der Universität zu Köln lehrt, im Auftrag des Zoos und mit Unterstützung von Bundesbehörden und Wissenschaftseinrichtungen mehrfach im Jahr. Er leitet Fortbildungen mit einheimischen Wissenschaftlern, knüpft Kontakte in oberste Regierungsetagen und koordiniert Forschungs- und Artenschutzarbeiten – zum Beispiel in der vom Kölner Zoo unterstützten Auffang- und Aufzuchtstation von Mê Linh im Norden Vietnams.

Zu den von ihm entdeckten und erstbeschriebenen Arten zählen der im Terrarium gezeigte, gelb bis grün schimmernde Quittenwaran und der Cát-Bà-Tigergecko *(Goniurosaurus catbaensis)* – ein Reptil aus der Familie der Lidgeckos *(Varanus melinus)*. Es wurden bereits drei Arten Reptilien und ein Amphib nach ihm benannt: *Cyrtodactylus ziegleri, Pseudocalotes ziegleri, Varanus salvator ziegleri* und *Tylototriton ziegleri*. Das kann noch nicht mal Indiana Jones von sich behaupten.

108__Die Zoopädagogik
Von und mit Tieren lernen

In der Zoopädagogischen Abteilung arbeiten zwei Mitarbeiterinnen, die die Vermittlung tiergartenbiologischer Inhalte an alle Zoobesucher zum Ziel haben. Wir wollen erreichen, dass sich Menschen für Tiere begeistern, sie achten und sich für ihren Schutz und den ihrer Lebensräume einsetzen. Daher steht die biologische Vielfalt im Mittelpunkt. Wir versuchen, die komplexen Zusammenhänge zwischen ökonomischen, ökologischen und sozialen Aspekten zu thematisieren und zu erklären. Ruth Dieckmann und Lucia Schröder sind vor allem für das informelle Lernen, die Zoobeschilderungen, Führungen und die sogenannten Zoobegleiter zuständig. Das sind mittlerweile fast 80 engagierte und von uns ausgebildete Helfer – vom Schüler bis zum pensionierten Arzt. Wir suchen übrigens immer wieder Interessierte! Die Zoobegleiter organisieren und begleiten Kindergeburtstage, Zeltlager und vieles mehr. Wir versuchen, die faszinierenden Anpassungsstrategien von Tieren in Zusammenhang mit ihrem Lebensraum vorzustellen, und bringen unseren Besuchern die Tiere näher.

Die Anschaulichkeit bei der Vermittlung von Inhalten ist das oberste Gebot der Zoopädagogik. Daher ist unsere Zoobeschilderung heute modern und ansprechend. Wir vermitteln Bildung in attraktiver Form. An Infomobilen, die an Wochenenden oder bei Sonderveranstaltungen eingesetzt werden, nutzen wir den Einsatz aller Sinne. Zwischen Stoßzähnen und Fellen können unsere Besucher Natur buchstäblich begreifen.

Ein historischer Lehrpfad, an dem die Besucher die Entwicklung des Zoologischen Gartens seit 1860 ablesen können, und verschiedene interaktive Stationen, wo man spielerisch etwas über Biologie lernen kann, gehören zum Gesamtkonzept.

Die Zoopädagoginnen sind zudem der direkte Draht zu unserer Zooschule (siehe Kapitel 109), an der zurzeit elf abgeordnete Lehrer Abc-Schützen das kleine Einmaleins der Tierkunde beibringen.

109__Die Zooschule

Hurra, die Schule brennt!

Der 27. Juli 2006 hat sich buchstäblich »eingebrannt« in die Gedächtnisse all derer, die eng mit dem Zoo verbunden sind. Der Klassiker der Band Extrabreit, »Hurra, hurra, die Schule brennt«, wurde an diesem Tag traurige Wahrheit. Die 1964 eröffnete Zooschule – übrigens als Kölner Pionierleistung die erste auf dem europäischen Festland – brannte. In einem Lagerraum des traditionsreichen Gebäudes war ein Feuer ausgebrochen, das weite Teile der Zooschule vernichtete. Der große holzvertäfelte Hörsaal mit 85 Schreib- und Sitzplätzen, das Herzstück des Hauses, wurde komplett zerstört. Neben der Einrichtung fielen auch eine wertvolle Hörner- und Geweihsammlung mit unwiederbringlich seltenen Exponaten sowie alte Lehrtafeln und moderne technische Präsentationsgeräte dem Feuer zum Opfer. Das war umso trauriger, als die Zooschule der Ort war, an dem 1985 das Europäische Erhaltungszuchtprogramm ins Leben gerufen wurde.

Ersatz musste her für dieses echte Stück Zoogeschichte. Ersatz für jährlich mehr als 23.000 Abc-Schützen aus Köln und der Region, die an diesem außerschulischen Lernort der besonderen Art für große und kleine Tiere begeistert werden. Nach Jahren der Improvisation, nach Jahren des Unterrichts in einem Container-Übergangsquartier, konnte mit Unterstützung der Stadtsparkasse KölnBonn eine neue, moderne Zooschule eröffnet werden. Und das 2014, pünktlich zum 50-jährigen Bestehen der Kölner Zooschule. Sie befindet sich auf dem Gelände des ebenfalls nigelnagelneuen Clemenshofs, unserem Bergischen Bauernhof. Sie bietet helle, freundliche Räume, moderne Technik – und einen Streichelzoo vor der Zooschultür, in dem Kinder nach dem Unterricht die Tiere buchstäblich »begreifen« können. Schülerherz, was willst du mehr! Der Neubau tröstet über den Verlust der historischen Zooschule hinweg. Aber den Song »Hurra, hurra, die Schule brennt« will im Kölner Zoo trotzdem niemand mehr hören …

110__Der ZooShop

Tierisch schöne Zoovenirs

Plüschtiere und Bücher, Stifte und Malsachen, T-Shirts und Luftballons, Köln-Devotionalien und FC-Fanartikel: Der ZooShop ist Kölns tierisch schönes Spielzeugland. Er bietet an zwei Stellen im Zoo und auf 400 Quadratmetern Verkaufsfläche alles, was das Kinderherz – und so manches Erwachsenenherz – begehrt. Geschickt haben die Zoomacher die beiden 2014 neu eröffneten Shops an den Ein- und Ausgängen des Zoos verortet. Da muss jeder dran vorbei – und meistens auch durch! Denn hier ist es tatsächlich »zoo schön«, um wahr zu sein – und ohne Plüschtier oder Luftballon nach Hause zu gehen.

Im wahrsten Sinne »zu bunt« wurde es Zoodirektor Pagel bei der Eröffnung der Shops. Denn die Mitarbeiter hatten rosa Plüsch-Elefanten ebenso mutig wie dekorativ unter die Angebote zum Verkaufsstart eingereiht. Theo Pagel bestand auf der originalgetreueren Färbung der Plüschwaren. Schließlich nimmt der Zoo seinen Bildungsauftrag ernst und will stimmige Infos über Natur und Tiere vermitteln!

Der Kölner ZooShop hat rund 1.500 Artikel im Sortiment – da findet wohl tatsächlich jeder das Richtige. Top-Seller sind Glücksminis, Lollis, Postkarten, Namenstassen, Stimmungsringe und das Kölner Zoo-Erdmännchen aus Plüsch mit rotem Halstuch. Nicht minder beliebt ist der Zoo-Honig aus Bienenstöcken, die auf dem Zoogelände stehen (siehe Kapitel 40). Es gibt auch eine eigene Abteilung mit fair gehandelten Produkten, die zu 100 Prozent aus in Handarbeit hergestellten Naturwaren bestehen. Mit dem Verkauf unterstützt der ZooShop Arbeiter in Vietnam und Kenia.

Die Erträge des ZooShops fließen – wie auch die der Gastronomie – in den Betrieb des Zoos. Sie sichern damit, dass das Kölner Tierparadies auch morgen all seinen Aufgaben hinsichtlich Freizeit und Erholung, Bildung, Forschung und Artenschutz nachkommen kann. Kaufen für den guten Zweck – so heißt das Motto in Kölns tierisch schönem Spielzeugland.

111__Zum guten Schluss

Die schönste Ausreißergeschichte

»Der Zoo ruft Dich« – so der Titel einer historischen Publikation, die den Autoren dieses Buches beim Schreiben desselben durch Zufall in die Hände geriet. Die Seiten sind edel angegilbt, der Einband ist braun, voller Patina und schöner Geschichten, die der Zoo in 160 Jahren immer wieder geschrieben hat. Eine davon, aus der Amtszeit des Direktors Friedrich Hauchecorne (1929–1938), hat einen Bison als Hauptdarsteller.

Als kurz die Tür am Bisonstall aufstand, nutzte eine Kuh die Gelegenheit, um sich die nähere Umgebung mal genauer anzuschauen. Sie sprang mit einem gewaltigen Satz über die hohe Mauer und landete auf der Stammheimer Straße. Schnell sprach sich der Ausbruch herum, und Aufregung erfüllte die Straße. Tierpfleger spannten Wagen und Pferd und machten sich auf die Verfolgung des kraftvollen Tiers. Doch die Bisonkuh war flink. Schnell erreichte sie die Stelle, wo heute die Mülheimer Brücke den Rhein überquert. Einmal in Fahrt und das Wasser vor Augen, sprang das Riesenrindvieh in die Fluten und schwamm in riesigen Stößen in Richtung »Schäl Sick«. Die Tierpfleger, mittlerweile mit einem Boot ausgerüstet, ruderten hinterher und fingen den Bison kurz vor dem Landgang mit Seilen und Netzen unversehrt ein. So machte man das früher, ganz ohne Narkosegewehr.

Auf der Riehler Seite hatte sich eine große Schar Schaulustiger versammelt. Sie konnten beobachten, wie der Ausreißer »nassen Hufes«, aber bester Verfassung und auf einem Brett fixiert sein Heimatrevier erreichte. Der Anblick dieser Rheinpartie muss unvergesslich gewesen sein. Leichter Zorn erfüllte die Kuh, als man sie losband. Zufrieden schaute sie dann aber wieder drein, als sie in ihrer vertrauten Anlage an die bekannten Heutröge kam. Viel zu aufregend war dieser Ausflug – und die Begebenheit viel zu spannend, um sie nicht erneut, rechtzeitig zum 160-jährigen Zoojubiläum, zu erzählen. Eine Geschichte, die nur der Zoo schreiben kann …

Theo Pagel, Brian Batstone
**111 Dinge über Elefanten,
die man wissen muss**
ISBN 978-3-7408-0349-0

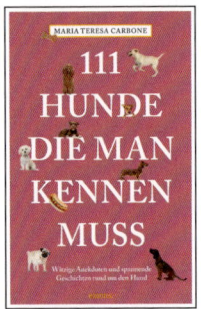

Maria Teresa Carbone
**111 Hunde, die man
kennen muss**
ISBN 978-3-7408-0477-0

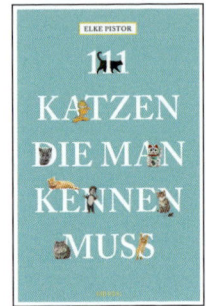

Elke Pistor
**111 Katzen, die man
kennen muss**
ISBN 978-3-95451-830-2

Monika Mansour
**111 Pferde, die man
kennen muss**
ISBN 978-3-7408-0444-2

Holger Grumt Suárez,
Rolando Grumt Suárez
**111 Insekten, die täglich
unsere Welt retten**
ISBN 978-3-7408-0628-6

Carsten Neß, Theo Haart
**111 Tiere und Pflanzen an der
Mosel, die man kennen muss**
ISBN 978-3-7408-0563-0

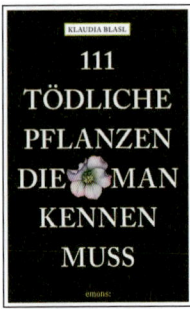

Klaudia Blasl
**111 tödliche Pflanzen,
die man kennen muss**
ISBN 978-3-7408-0441-1

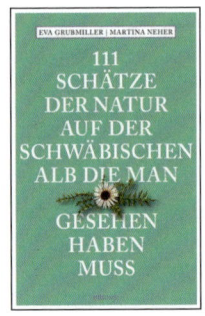

Eva Grubmiller, Martina Neher
**111 Schätze der Natur auf der
Schwäbischen Alb, die man
gesehen haben muss**
ISBN 978-3-7408-0248-6

Marion Rapp
**111 Schätze der Natur rund
um den Bodensee, die man
gesehen haben muss**
ISBN 978-3-95451-619-3

Bernd Imgrund, Britta Schmitz
**111 Kölner Orte, die man
gesehen haben muss, Band 1**
ISBN 978-3-7408-0801-3

Bernd Imgrund, Britta Schmitz
**111 Kölner Orte, die man
gesehen haben muss, Band 2**
ISBN 978-3-7408-0882-2

Bernd Imgrund, Nina Osmers
**111 Orte im Kölner Umland, die
man gesehen haben muss**
ISBN 978-3-89705-777-7

Bernd Imgrund, Britta Schmitz
**111 Kölner, die man
kennen lernen sollte**
ISBN 978-3-95451-322-2

Rüdiger Liedtke
**111 Kölner Meisterwerke, die
man gesehen haben muss**
ISBN 978-3-95451-838-8

Olaf Jansen
**111 Kölner Fußballorte, die
man gesehen haben muss**
ISBN 978-3-95451-850-0

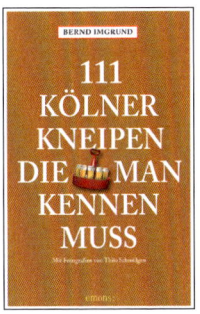

Bernd Imgrund, Thilo Schmülgen
**111 Kölner Kneipen, die
man kennen muss**
ISBN 978-3-89705-838-5

Christina Bacher,
Norbert Breidenstein
**111 Orte für Kinder in Köln,
die man gesehen haben muss**
ISBN 978-3-7408-0332-2

Ralf Koss
**111 Orte in Dortmund, die
man gesehen haben muss**
ISBN 978-3-7408-0649-1

Garnet Manecke, Vera Anders
**111 Orte in Mönchengladbach,
die man gesehen haben muss**
ISBN 978-3-7408-0606-4

Fabian Pasalk
**111 Orte in Wuppertal, die
man gesehen haben muss**
ISBN 978-3-7408-0247-9

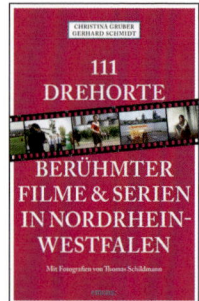

Christina Gruber, Gerhard Schmidt,
Thomas Schildmann
**111 Drehorte berühmter Filme &
Serien in Nordrhein-Westfalen**
ISBN 978-3-95451-928-6
Fabian Pasalk

**111 Orte in Essen, die man
gesehen haben muss**
ISBN 978-3-95451-924-8

Ursula Gilbert, Michael Klein
**111 Orte im Siebengebirge, die
man gesehen haben muss**
ISBN 978-3-95451-921-7

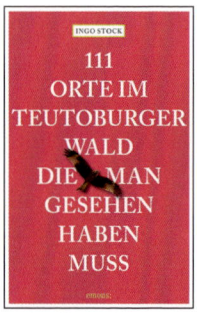

Ingo Stock
**111 Orte im Teutoburger Wald,
die man gesehen haben muss**
ISBN 978-3-95451-859-3

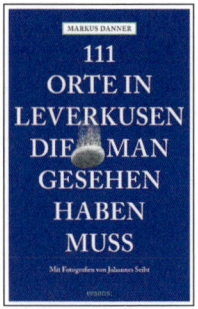

Markus Danner, Johannes Seibt
**111 Orte in Leverkusen, die
man gesehen haben muss**
ISBN 978-3-95451-849-4

Ralf Koss, Stefanie Kuhne
**111 Orte im Ruhrgebiet, die
uns Geschichte erzählen**
ISBN 978-3-95451-415-1

Fabian Pasalk
**111 Orte im Ruhrgebiet, die
man gesehen haben muss**
ISBN 978-3-89705-814-9

Fabian Pasalk
111 Orte im Ruhrgebiet, die man gesehen haben muss, Band 2
ISBN 978-3-95451-223-2

Eckhard Heck
111 Orte in Bonn, die man gesehen haben muss
ISBN 978-3-95451-212-6

Paul Stänner
111 Orte im Münsterland, die man gesehen haben muss
ISBN 978-3-95451-116-7

Alexandra Schlennstedt, Jobst Schlennstedt
111 Orte in Ostwestfalen-Lippe, die man gesehen haben muss
ISBN 978-3-95451-109-9

Ralf Koss, Stefanie Kuhne
111 Orte im Bergischen Land, die man gesehen haben muss
ISBN 978-3-95451-027-6

Alexander Barth, Eckhard Heck
111 Orte in Aachen und der Euregio, die man gesehen haben muss
ISBN 978-3-89705-931-3

Jörg Küster, Christina Kuhn, Katrin Höller
111 Orte in Südwestfalen, die man gesehen haben muss
ISBN 978-3-89705-926-9

Peter Eickhoff
111 Orte am Niederrhein, die man gesehen haben muss
ISBN 978-3-89705-815-6

Peter Eickhoff
111 Düsseldorfer Orte, die man gesehen haben muss
ISBN 978-3-89705-699-2

Barbara Kemmer, Frank Schmitt
**111 Orte in Koblenz, die
man gesehen haben muss**
ISBN 978-3-7408-0439-8

Peter Bieg, Maximilian Staub
**111 Orte in Trier, die man
gesehen haben muss**
ISBN 978-3-95451-848-7

Anke Müller
**111 Orte an der Mosel, die
man gesehen haben muss**
ISBN 978-3-95451-325-3

Elisabeth Friesenhahn,
Peter Friesenhahn
**111 Orte im Hunsrück, die
man gesehen haben muss**
ISBN 978-3-95451-319-2

Christina Kuhn, Christian Löhden
**111 Orte in der Pfalz, die
man gesehen haben muss**
ISBN 978-3-7408-0881-5

Stefanie Jung
**111 Orte in Rheinhessen, die
man gesehen haben muss**
ISBN 978-3-7408-0738-2

Stefanie Jung
**111 Orte in Mainz, die
man gesehen haben muss**
ISBN 978-3-95451-041-2

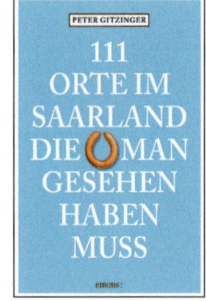

Peter Gitzinger
**111 Orte im Saarland, die man
gesehen haben muss, Band 1**
ISBN 978-3-89705-709-8

Peter Gitzinger
**111 Orte im Saarland, die man
gesehen haben muss, Band 2**
ISBN 978-3-89705-886-6

Ingo Stock
111 Orte im Werra-Meißner-Kreis, die man gesehen haben muss
ISBN 978-3-7408-0855-6

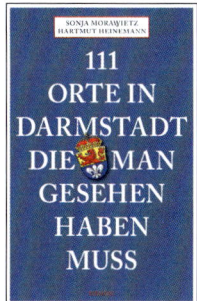

Sonja Morawietz,
Hartmut Heinemann
111 Orte in Darmstadt, die man gesehen haben muss
ISBN 978-3-95451-920-0

Dietmar Hoos, Susanne Hoos
111 Orte in Kassel, die man gesehen haben muss
ISBN 978-3-7408-0728-3

Eva Wodarz-Eichner
111 Orte in Wiesbaden, die man gesehen haben muss
ISBN 978-3-95451-670-4

Rike Wolf, Tom Wolf
111 Orte in Frankfurt, die man gesehen haben muss
ISBN 978-3-95451-342-0

Christina Marx, Ingrid Schick
111 Orte im Vogelsberg und in der Wetterau, die man gesehen haben muss
ISBN 978-3-95451-227-0

Laszlo Trankovits
111 Orte rund um den Äppelwoi, die man gesehen haben muss
ISBN 978-3-7408-0861-7

Gertrud Steiger, Joachim Steiger
111 Orte im Odenwald, Spessart und an der Bergstrasse, die man gesehen haben muss
ISBN 978-3-7408-0878-5

Bernd Flessner
111 Orte auf Juist, die man gesehen haben muss
ISBN 978-3-7408-0548-7

Dorothee Fleischmann,
Carolina Kalvelage
**111 Orte im Weserbergland,
die man gesehen haben muss**
ISBN 978-3-7408-0341-4

Christine Izeki, Gerald Roemer
**111 Orte im Wendland, die
man gesehen haben muss**
ISBN 978-3-7408-0352-0

Ingo Stock
**111 Orte auf Spiekeroog, die
man gesehen haben muss**
ISBN 978-3-7408-0339-1

Jacek Auerbach
**111 Orte in Oldenburg, die
man gesehen haben muss**
ISBN 978-3-7408-0249-3

Jochen Reiss
**111 Orte in und um Göttingen,
die man gesehen haben muss**
ISBN 978-3-7408-0730-6

Annett Rensing
**111 Orte in Osnabrück, die
man gesehen haben muss**
ISBN 978-3-7408-0239-4

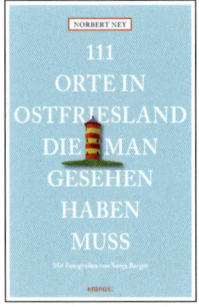

Norbert Ney, Sonja Bergot
**111 Orte in Ostfriesland, die
man gesehen haben muss**
ISBN 978-3-95451-828-9

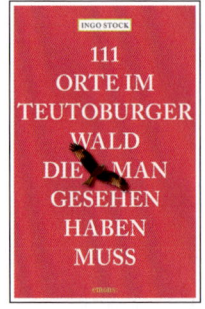

Ingo Stock
**111 Orte im Teutoburger Wald,
die man gesehen haben muss**
ISBN 978-3-95451-859-3

Alexandra Schlennstedt,
Jobst Schlennstedt
**111 Orte in der Lüneburger
Heide, die man gesehen
haben muss**
ISBN 978-3-95451-844-9

Cornelia Kuhnert, Günter Krüger
**111 Orte rund um Hannover,
die man gesehen haben muss**
ISBN 978-3-95451-707-7

Cornelia Kuhnert, Günter Krüger
**111 Orte in Hannover, die
man gesehen haben muss**
ISBN 978-3-95451-086-3

Jela Henning, Jens Hinrichsen
**111 Orte in und um Schwerin,
die man gesehen haben muss**
ISBN 978-3-7408-0635-4

Maren Kaschner, Anselm Neft
**111 Orte auf Rügen, die
man gesehen haben muss**
ISBN 978-3-95451-837-1

Jana Jürß
**111 Orte an der Mecklen-
burgischen Seenplatte, die
man gesehen haben muss**
ISBN 978-3-95451-536-3

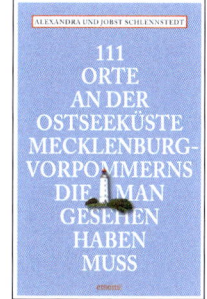

Alexandra Schlennstedt,
Jobst Schlennstedt
**111 Orte an der
Ostseeküste Mecklenburg-
Vorpommerns, die man
gesehen haben muss**
ISBN 978-3-7408-0742-9

Lust auf mehr? Laden Sie sich
die »LChoice«-App runter, scannen
Sie den QR-Code und bestellen
Sie weitere Bücher direkt in Ihrer
Buchhandlung.

Prof. Theo B. Pagel, geboren 1961 in Duisburg, studierte Biologie, Geografie und Pädagogik. Er arbeitet seit fast 30 Jahren im Kölner Zoo, zunächst als Kurator und seit 2007 als Zoodirektor. Seit 2007 ist er an der Lehre der Universität Köln in der Biologie beteiligt und heute unter anderem Präsident des Weltzooverbandes. Er ist Autor zahlreicher Artikel, einiger Bücher und in vielen Gremien aktiv, so in der Artkommission für das Erhaltungszuchtprogramm Asiatischer Elefanten in Europa. Unter seiner Leitung ist der Kölner Zoo eines der bedeutendsten Bildungs- und Naturschutzzentren Europas geworden.

Christoph Schütt, geboren 1977 in Leverkusen, studierte Geschichte, Politik und Germanistik an den Universitäten in Bonn und Prag. Er schrieb für verschiedene Zeitungen und Magazine und kam als Kommunikationsberater früh in Kontakt mit »hohen Tieren« unterschiedlichster Branchen. Seit 2016 koordiniert er die Medien- und PR-Arbeit des Kölner Zoos. Er hat daher quasi von Haus aus den vollen Überblick über die spannendsten Geschichten rund um das Kölner Tierparadies.